美国总统枕边书

〔美〕爱默生◎著
龙小正◎编译

时事出版社

图书在版编目(CIP)数据

美国总统枕边书/(美)爱默生著;龙小正编译.
—北京:时事出版社,2015.1

ISBN 978-7-80232-789-4

Ⅰ.①美… Ⅱ.①爱… ②龙… Ⅲ.①人生哲学-
通俗读物 Ⅳ.①B821-49

中国版本图书馆CIP数据核字(2014)第269274号

出版发行:时事出版社
地　　址:北京市海淀区万寿寺甲2号
邮　　编:100081
发行热线:(010)88547590　88547591
读者服务部:(010)88547595
传　　真:(010)88547592
电子邮箱:shishichubanshe@sina.com
网　　址:www.shishishe.com
印　　刷:北京建泰印刷有限公司

开本:787×1092　1/16　印张:18　字数:237千字
2015年1月第1版　2015年5月第2次印刷
定价:32.00元
(如有印装质量问题,请与本社发行部联系调换)

前言

爱默生被美国总统林肯称为“美国的孔子”、“美国文明之父”，并非徒有虚名。爱默生从小命运坎坷，在他很小的时候父亲就去世了，他是由母亲和姑妈一起抚养成人的。上大学时，因为家庭条件不好，他就勤工俭学，去辅导初、高中生，同时因品学兼优而获得了免费试住宿舍的奖励。毕业之后，他创办了自己的学校，并担任校长，后来因出席各种各样的论坛而成为思想界的一颗新星。可是后来由于种种原因，他辞去职务，开始周游各国，由此结识了许许多多思想界的名流，并为自己以后的思想体系打下了坚实的基础。

爱默生最大的成就在民族文化与文学方面。而这本书恰恰是爱默生哲思的集大成者，它教会人们从各个方面去看待人生、看待世界、看待整个自然。其运用辩证哲学思想，从事物的两方面分别叙述了整个大自然的各个方面，让读者对于哲学思想的认识有了很大的提高。阅读了爱默生的随笔，就不会再认为哲学是天上的繁星可望而不可即，它其实就蕴含在我们的生活里，体现在生活的方方面面。爱默生说，我们要“认识自己”、“观察自然”。他的作品博采众长，吸取了各大家思想之精华。他要求人们不要随声附和，应该有独立思考的习惯；他还主张写出作品的最终意义并非把自己的思想公之于世，而是能够为人类的进步起到作用。

你阅读这本书的时候会有种清风拂面的感觉，会觉得世界仿佛已经开始慢慢变得清晰了，会觉得已经开始了解自己了。而这本书中也蕴藏了许许多多的名言警句，在看似枯燥的文字里，你总会遇到那些闪耀着光芒的文字，让人心潮澎湃，仿佛获得了新生。虽历经这么多年的洗涤，书中的内容似乎并没有变得灰头土脸，反而在浩瀚的文学哲学史上更加光彩熠熠。

需要说的是，译者也是在边学习边前进，在摸索中想把更加原汁原味的爱默生哲思的内涵呈现给大家，因此难免会产生纰漏，欢迎读者批评指正。

现在就让我们拿起这本闪耀着无限光芒的书，敲开天堂的门，直接与上帝对话，让我们释放被自己囚禁的灵魂，开始一趟真正的思想文化之旅吧。

目录
CONTENTS

Part 1 / 自立（SELF-RELIANCE）

Part 2 / 自信（SELF-CONFIDENT）

Part 3 / 自控（SELF-CONTROL）

Part 4 / 命运（FATE）

Part 5 / 力量（POWER）

Part 6 / 礼物（PRESENT）

Part 7 / 精神法则（SPIRITUALLAW）

Part 8 / 爱情（LOVE）

Part 9 / 友谊（FRIENDSHIP）

Part 10 / 成功（SUCCESS）

Part 11 / 自然（NATURE）

Part 12 / 美（BEAUTY）

Part 13 / 修养（CULTURE）

Part 14 / 美德（VIRTUE）

Part 15 / 财富（WEALTH）

Part 16 / 伟大（THE GREAT）

Part 17 / 历史（HISTORY）

Part

18 / 艺术（ART）

Part

19 / 补偿（COMPENSATION）

Part 1

自立（SELF-RELIANCE）

人在一生中将面对人世间的种种事情。在自我成长及完善的过程中，需要坚持自己的思想，排除外来的一切干扰。唯有听从内心的声音，跟随灵魂的指引才能掌握自己的命运，并让命运按照自己的意愿得以延续。

坚持自己的思想

一天，我读了一位画家写的诗，被他诗中描绘的画面所吸引。在这首诗中，作者所倾注的感情的价值要比他所表达的思想的价值更大。在诗中，他告诉人们，天赋就是坚持自己的思想，坚信适合自己内心的就是适合所有人的。尽管我们每个人都熟知自己内心的想法，但是真正敢于说出自己想法的只有摩西、柏拉图和弥尔顿。

当我们的心灵有一丝感触时，我们应该学会发现和观察它，而不是只去发现和观察诗人、圣贤天空里的光彩，毕竟那是别人的思想。我们在选择了别人的思想的同时，也就等于放弃了属于自己的思想。回望历史，我们应该明白，越是对方呼声最高的时候，我们越要平心静气地坚持自己的感想。如若不然，我们曾一直想要得到和感受的东西，只能成为其他人的见解和想法，而我们所能做的就是羞愧地从别人那里取回原本属于自己的见解。

在求学期间，我们会拥有这样一种信仰，即我们会觉得嫉妒就等于无知，而模仿则相当于自杀。一个人往好的方向走还是往坏的方向走，这些都掌握在自己的手中。我们应该明白，如果不通过自己的辛勤劳动肯定不会有食物送到我们嘴边。一张脸、一个人、一件事，在不同的人心中留下不同的印象是有原因的。铭刻在记忆中的美好是确定的、和谐的。就好比眼睛看到了一道光线，是因为这道光线被安置到了能看到的地方。我们无法充分地表现自己，而且我们感到羞愧——对各自所代表的那种神圣观念感到羞愧。

相信自己的内心，让自己的心随着那根弦颤动，摆正自己的位置，因为命运早已做好安排。接受和你同时代的人所构成的这个社会，以及种种事件之间的联系。每个时代中的伟大人物总是把自己像孩子一样托付给同时代的天才，以此表明自己的心迹：绝对可信的东西就在他们心底藏着，通过他们传达给世人，并主导他们的存在。我们都是成年人，因此必须在最高尚的心灵里接受相同的命运考验。我们不是躲在安全角落的婴儿和老人，更不是革命面前临阵脱逃的懦夫，我们是领袖，我们要服从命运的安排，哪怕前方是混沌和黑暗，我们也要冲进去。

大自然曾经在儿童、婴儿甚至动物的行为举止上给予我们启示。也许他们对某种感情持怀疑的态度，但是他们有完整的心灵和未被征服的眼光。当我们紧紧盯着他们时，惴惴不安的反而是我们。婴儿不会对任何人顺从，所有人还要顺从于他，就好比一个婴儿常常会让四五个逗他玩的大人都变成婴儿。在赋予婴儿权利的同时，上天也赋予了青少年和成年人所应得的桀骜和魅力，使他们受人羡慕、使人亲近。

现实中，小孩子不必为吃饭发愁，他们可以像贵族老爷一样不必去讨好他人，这种泰然自若的气质正是人性中的健康心态。坐在客厅里的小孩如同坐在剧院里低价票区的观众，无拘无束，不担责任，在角落躲着并观察眼前的人和事，以孩子迅速、简捷的方式审讯、宣判他人的功过，他人或者好、或者坏，或者有趣、或者愚蠢，或者能言善辩、或者令人生厌。因为他们不用去计较得失，因此可以作出客观公正的判决。你要讨好他，而他却不必讨好你。可成年人的世界并不是这样的，他们的世界早已被意识紧紧地禁锢起来。一旦他们有什么有悖常理的行动或言论，自己就会立刻身陷囹圄。他们受到无数人的关注，有的同情，有的愤恨，为此他们不得不考虑这些人的这些感情。这里没有忘川（希腊神话中的冥河之一，据说亡灵喝了河里的水就会忘掉一切）。他们是多么想重新回到中立位置上去啊！所以，没有人能逃避这种誓约。如果已经履行，但是仍能以小孩的态度，即那种不被左右、不被偏见束缚、不接受贿赂、不畏强权的纯真来履行，那么就一定能得到别人的敬畏。

我们只有远离人群时才能听到最真实的声音，可是一旦我们进入世界，曾经的真实声音就会渐渐衰弱，终至无声。社会各处都在密谋反对每个成员的阳刚之气，社会是一家股份制公司，每个成员之间都已达成协议，为了可以依约向每个股东提供食物，就必须将其他吃饭的人的自由和教养消除。其中必备的美德就是服从，自立却是让它深恶痛绝的东西。真相和创造者是社会所不能容忍的存在，因为在这个社会中，自立与传统的规矩是矛盾的。

因此，无论怎样我们都不能做一个盲目跟随别人的人，想要得到永久的名誉就绝不能止步于表面的善举，而是必须弄清楚它到底是不是真正的善。而真正的善源自心底，只有解放自己，回归自我，你才能赢得全世界的赞赏。曾经有一位教友总是用教会的教条教导我做事，我记得我总是会这样回答他："如果我完全按照自己的内心去生活，那我与神圣的传统有什么关联呢？"而我的教友则认为我的冲动可能是自下而上产生的，而不是自上而下产生的。我并不赞同他的说法，我告诉他：“假如我是魔鬼之子，那么就让我按魔鬼的方式来生活好了。”在我看来，世界上除了天性的法则外再也没有其他的法则了。事物的好与坏只是人们对它的定义而已，因此我们可以说，只要是符合我性格的东西就是正确的，违背我意愿的就是错误的。一个人在所有的反对势力面前修身做事时，在他面前，仿佛一切阻碍都是过眼云烟。当我一想到自己轻易地向徽章和虚名，向大社会和死体制投降时，我就感到羞愧难当。每一个举止得当、谈吐优雅的人比起真理来，更能影响和触动我。我应该昂首挺胸、充满自信地走路，面对事物敢于说出自己的想法，那才是真的自我。如果一个怒气冲冲的、顽固到底的人设想慷慨宽大的废奴运动，带着来自巴巴多斯（巴巴多斯位于东加勒比海小安的列斯群岛最东端，西距特立尼达岛322公里。巴巴多斯有稳固的民主政体，独立于1966年11月30日，是英联邦成员，是拉丁美洲第一个发达国家，也是世界上第一个以黑人为主体的发达国家）的最新消息来找我，我为什么不能对他说：“你应当先去关心你的孩子，关心你的伐木工人：要和善、谦逊，要有气质。想要用对万里之外的黑人表现出来的关心来掩饰你那咄咄逼人的野心简直是痴心妄想。你对远处表现的爱就是对自家的恨?”虽然这样说有点粗鲁，但是说真话要比假仁假义更合适。你的善良必须比较尖锐——否则就算不上什么善良。“仇恨论”低泣和抱怨的时候必须被宣扬成“仁爱论”的对侧。我不会为了升华自己而选择群居或者独居，我也没有义务像圣人那样去帮助贫苦大众。

我会帮助外面的穷人吗？如果你认为我会，那你就是傻，我不会把我的钱送给那些与我并不相干的人的。但是当我和某一个阶层的人有着某种精神上的共鸣时，我愿意被他们随意调遣，甚至愿意为他们赴汤蹈火。可我就是不会参与你的那些所谓廉价的慈善活动，也不会参与那些愚人学校的教育，更不会资助你建造那徒劳无功的教堂。虽然在某些特定的情况下我还是愿意拿出一块钱的，但那只是迫于无奈。

所谓的善举不过是人们为了掩饰自己犯下的过错或是为了赔罪的一种方式，就好比精神病患者交的巨额伙食费一样。他们的美德就是苦修赎罪。可是我不想赎罪，我只想生活。我只想我的生活能够真实，在真实的生活中能够增加一丝平静。我不需要我的生活多么轰轰烈烈，我要的只是它的平淡和健康。我虽然无德无能，却是一个真实的存在，因此我不需要为了自己或者同伴的安心而要求别人给予证明。

在这个世界上我要做的只是有关我自己的事情，人们所想的事情与我无关。这一规定在现实生活和精神生活中同样至关重要，同时也是区别伟大和渺小的唯一理由。有时候你会看到某些人比你还清楚你的职责是什么，因此这一规定显得更加严厉了。我们可以以世人的观点生活，这也是我们平庸的缘由，伟人之所以成为伟人，是因为他们能在纷扰的世界中保持自己的独特个性。

当我们反对规矩时，我们会发现这不仅仅会分散精力、耗费时间，还会模糊我们的人格。假使你支持一座僵化逝去的教堂，为一个僵化死去的“圣经社会”效命，或者跟随一个大的政党去投票而支持或反对政府，那样的你将很难让我看清你的真面目。不过，假使你做自己的事情，那我可以很快地认识你。做属于自己的事情，让真实的事情充实自己，不顺从任何一个既定的事实，这才是真实的你。我听说一位牧师把该教会制定的一项规章制度宣布为布道的题目，可他根本说不出一句新鲜自然的话，我难道不会事先得知吗？尽管他夸饰该项制度的存在依据，却百分之百不会去做那样的事，对此我难道不清楚吗？他保证只看问题被允许看的那一方面，以一个牧师的身份去看，而不是以普通人的身份去看，我难道不知道吗？大多数人都被世俗蒙蔽了双眼，并把自己束缚在某一个普遍适用的观点上。这种盲目的顺从使得他们不仅仅是在几件事上弄虚作假、编造谎言，而是对所有的事情都阳奉阴违。他们的每个真理都说不上真，所以我对他们说过的每句话都懊恼万分，我不知道让他们改邪归正的着力点在哪里。与此同时，他们的本性也被套上他们所追随的党派的枷锁。慢慢地，他们长成同样的面孔和身材，学会了最温顺且愚蠢的表情。当他们表达喜悦时，你会发现他们脸上的笑容僵硬而又虚伪。

你渴望突破这层枷锁，但世人的目光会紧紧地盯着你，直到你学会察言观色为止。如果你始终没有学会这个能力，不论你身处何处，都会遭到白眼，但是人们对你的抵触并没有深层次的原因，只是随着社会舆论的导向不停地变换而已。不过比起议院和学校的不满，群情激愤要可怕多了。一个有着丰富阅历的坚强人物，忍受有教养的阶级的愤怒算不上难事，因为他们的性格胆小如鼠，因此他们的愤怒会有所节制。但是，如果在他们阴沉的愤怒之外还有不明事理的群众以及无知的穷人时，那么此时只能祈求那些拥有极大的胸怀和宗教修养的伟人大显身手，将它慢慢化解。

坚持自己的本性

我们一直要求自己做到前后一致，这也使得我们不再自信，我们过去的言行及所遵守的条条框框成为别人考量我们为人处事的根据，因为除了这样，他人没有其他的参照依据，当然我们也不愿意让他们感到失望。

人之所以需要有头脑，之所以要将陈旧的记忆不断地进行温习，就是因为害怕自己现在的言行与过去相矛盾。可如果出现了前后矛盾也无大碍，过往的记忆并不能仅仅作为衡量智慧的标准。何况，依赖记忆也不是一种很明智的行为，应把过去引入现在，让世人都进行观摩，以保持新时代生活的状态。对于上帝赋予的人格，你既已用片面、孤立、静止的思维模式来拒绝，那当灵魂深处出现虔诚意愿时，就无条件地服从吧，尽管它们被上帝赋予了各式各样的外衣。逃离你的学说吧，约瑟夫不也把外衣丢在了妓女手里吗？

保持一致是一种心灵不够强大的表现，并且十分愚蠢，但被小政客、小哲学家以及小牧师膜拜不已。若强行墨守成规，则会让伟大的灵魂无所适从，还不如去关心那些无谓的事物。现在你可以将你的想法坚定地说出来，哪怕你的想法会与你的现状出现矛盾——“毋庸置疑，你会被人所误解。”可是被人误解也并不是那么可怕的事情。有谁没有遭受过误解呢？毕达哥拉斯、苏格拉底、耶稣被世人误解过，路德、哥白尼、伽利略、牛顿同样被误解过，但是他们仍然成了世人口中的伟人，他们的智慧与精神都被后人所认同。

没有谁会违背本性的，感情的迸发也离不开自身的情感意识。安第斯山与喜马拉雅山连绵不断，但在偌大的地球中，它们仍然不能被称之为伟岸。

如何去衡量与揣测一个人并不是那么重要，人的性格其实与离合体相似，又或者和亚历山大体的诗歌相似，不管你如何翻来覆去地拼读，它们所表达的含义还是一样的。上帝赋予了我拥有愉快并能进行悔过的丛林生活，生活在这样的环境中，我不需要顾忌太多，只要每天遵照自己内心的想法即可。无心之举、无意之事，我都并不表示怀疑，人们自然会发现这种状态是如此的和谐统一。同样，我的书也会给人带来丛林、鸟语般的感觉。我的巢穴会被停在我窗前的燕子用它所寻找到的各种线头、草叶来铸就。我们表现得如何，自然就会给人如何的印象。我们的意志无法高过性格教育。外在的行为与言语虽然直白地表现了善恶，但其实善恶时时刻刻都被充分地表现在自己的气息中。

打破陈旧的规矩

虽然人的行为存在各种各样的差异，但仍然会存在共性，所以任何动作都会出于同一个意愿而展现出在关键时刻的重要性。因此，不管在实施的时候行为出现了多大的不同，但最终结果仍然会保持和谐一致。当处于一定的距离、站在一定的高度时，行为的多样性并不会表现得那样明显，因为发展的趋势已让所有都融为一体。再先进的船只，其行驶的轨迹也无法做到笔直，但你从远处望去，就会感觉它是趋于笔直的。如此，你的所作所为才能展示真实的自我，也能展示你行动的真实意图。保持沉默，遵照旧规是不能解释任何行为的，从你开始独立行动时就已证明了你的正确。将来，你会见识到伟大。我坚信自己的行为是正确的，不在乎旁人异样的眼光，并且我现在所做的一切在未来都会成为为自己辩护的依据。不要过多地去考虑未来会怎样，只要坚持现在把事情都做对就行了。只要你能从内在实际出发，那么你永远都能将事情做对。

人格的力量需要不断地积累，过去的每一项善举都会成为今日让我们受益的行为。议会和战场上的英雄们的威严来自哪儿？来自他们所谱写的光辉历史与卓越成就。这些历史与成就成为他们的光环，成为让他们一直向前的明灯，就像天空中的启明星一样。为什么查塔姆伯爵能声如雷鸣？为什么华盛顿的举止能如此威严？为什么亚当斯能看中美国？这一切都源自于荣誉。荣誉会使人产生无限的敬意，并且不会被磨灭，它会被永远传承下去。我们崇拜它，它不仅仅属于现在。我们热爱它、敬仰它，因为它依靠的是自己的力量，而不是别人的热爱和敬畏。它就如一种古老纯洁的血统一般体现着它无人可以撼动的力量。

今后，我不再想听到顺从和墨守成规这两个词，我要向世人宣布这两个词作废，并且为谁在用它们而感到荒谬可笑。斯巴达横笛所吹出的美妙旋律要代替那开饭的锣声。卑躬屈膝、赔礼道歉将不复存在。我不会为了讨好谁而去请某位伟大的人物到我家中来用餐，我想应该是他来向我示好。我需要做维护人性的举动。我希望他能真心实意地对待我，尽管我知道他是那样地仁慈与博爱。对于那些圆滑世故、自以为是的作风，我们要在当下与世界为敌的情况下进行侮辱与谴责，把这些历史事实与习俗、贸易进行正面的交锋。劳作的人民离不开伟大负责的思想家和活动家。这样的人才能发挥作用，并且他不属于任何人，不属于任何时代、任何时空，而是所有的核心，只要是他出现过的地方就会存在天性与自然。他将会衡量现世的一切。我们经常会因为一个人而想到另外的人或者另外的事，但是性格和现实并不会让你联想到什么其他的人或事，他就代表了世间的所有，人一旦做到了顶天立地，那么周围的一切环境将会显得非常渺小。

寻求自我价值的重要性

每个人都可以成为一个起因，成为一个国家的代表，抑或是一个时代的代表；完成一个宏伟的计划需要无限的人力、时间和空间，最忠实的追随者就是子孙后代。在经历了很多时代之后，罗马帝国出现了，那是因为恺撒的诞生。无数心灵得以依附并衷心追随，那是因为基督的诞生，并且在经历岁月的洗礼之后，将他的美德与潜能进行融合。制度也是一个人的深度人格的体现，就像修道院与古代隐者安东尼、对宗教进行改革的路德、贵格会与福克斯，又如基督教新教的卫理公会与卫斯理、废奴运动与克拉克森。弥尔顿将西庇称之为“罗马之巅”。这些人的传记都能很轻易地将历史灌入其中。

请让一个人意识到自己的价值有多么重要吧，这样他才能凌驾于万物之上，不再过那种畏畏缩缩、躲躲藏藏、担惊受怕的日子，不会被认为是需要被救助的遗弃孩童或私生子，因为这个世界全是因他的存在而存在的。但是，普通人并不明白如何去寻找自我的价值，不明白自己有多么重要。当他站在高塔或是站在高大的大理石神像前时，会觉得自己渺小无比。因为他没有意识到，了解和认识自己的重要性是一件多么需要花费时间的事情，比建造高塔和雕刻神像所花费的时间要多了去了。或者一个人会认为，一座宫殿或一尊雕像，甚至一本名贵的书都高尚神圣得让人无法接近，像那衣着华丽的马车夫一般，别人也许会说：“先生，请问您是哪位?”但其实他不知道，这一切的一切都只不过是在想引起他的注意与兴趣，让他能把它们归于自己。墙上的名画不是在指使我 ，而是在等候我的查验，任凭我来决定它是否具备获鉴评赏的资质。曾有一个烂醉如泥的酒鬼醉倒在街上，被人带回公爵府里，在洗净整理后，他躺在了公爵床上。醒来之后，他受到了公爵的待遇，人们无一不谄媚于他，并对他说他只是神志出现了一时的恍惚。这个故事尽人皆知，并且受到了人们的喜爱。为什么呢？因为故事很好地表达出了人类生存的状态，人其实一直醉活于人世，但偶有清醒的时刻，一旦理智恢复，就会发现自己其实是一个身份尊贵的人物。

其实，读书就像是在乞讨与谄媚，我们经常被历史中的假象所蒙蔽。王公贵族、权力与城池，比平民百姓中的平凡人物约翰或爱德华要华丽得多。但其实两者之间并没有太大的差别，他们所面对的事物相同，面对的数量也相同。为什么阿尔弗列德、斯坎德贝和古斯塔夫会受到人们的无限尊崇呢，即便他们拥有高尚的品德或盖世的功劳？但在今天，不管是谁想获得都要靠自己的行为来获取，就像那些声名显赫的人曾经需要借助门人或追随者一样。一旦一个普通老百姓表达出自己的独到见解，国王就会像发现了民间的瑰宝一样。

真实的存在

在国王们的引导下，世界像磁石一般，能吸引各国的注意力。世人被教会要相互尊重。国王是高尚而伟大的，他依据自己的行为标准来制定法律，让人民按照他的法律来行事。他用自己的规则来推翻他人的规则，用荣誉来代替钱财类的奖励，法律也是根据他的个人意志来制定的。这些做法，人们都予以接受，并且表现出一种忠诚。这种既定的默契表现在人民之间，人们用这样的方式来关心自己所拥有的权利以及责任使命。

当我们追溯自信的根源时，那些源自于原始行为所展现出来的魅力都将失去光泽，有谁是值得我们信赖的呢？人们所一直依赖的真实自我又是什么呢？宇宙中遥远神秘的空间，没有生命、没有水源，难以探究的星球的本质是什么？是什么力量让它们把美丽的光束转投到那些卑劣的行为上去的呢？我们通过这种探究来追溯根源。这既是天才的本质，也是美德、生命的根源，我们称之为“本能”或“自发行为”。“直觉”是我们所称的最基本的智慧。后续发生的教导称之为“教诲”。很多力量是深奥的，在很多无法解析的事物中，都能发现它们共同的根源所在。

在个人身上，生存感是一种悄无声息的体现，与世间万物，如空间、光源、水源、时间、人体一样，并无任何差别。当然，其都是从共同的根源上所产生与存在的。初始，我们与世间万物共同生存，但逐渐地我们把自己从它们当中剥离，将它们视为属于自然界的种种，从而忘记了其实我们来自于共同的起源，思想与行动其源自于此。从这里，人类获得智慧与呼吸，那些无神论者对此是予以否认的。智慧是无穷无尽的，我们置身于此，并根据真理来进行我们的言行。当我们与正义和真理相遇时，只需要默默地为它让出一条道路即可，如果我们要对它的来源追根究底或者试图窥视造就万物起因的灵魂，那么哲学将无可着手之处。它存在与否就是我们可以证实的所有。不管是谁，都需要能区分自己内心中的自主行为与无意识行为，并且要明白绝对的信仰是来自于无意识的行为中的。也许会存在表达不当的情形，但要明白，这些就像昼夜更替一样是无法变更的。我故意为之的行为与收获都是不固定的，那些烂漫的幻想、浅显微薄的自然情感驾驭了我的好奇之心。思想不切实际的人在表达自己的内心想法与见解时经常会自相矛盾，因为他无法区分真实的知觉与虚幻的观念。他们满心认为，在一个事物上，我看见的就是我所想的。但是知觉并不是幻想，是真实存在的。如果我能看到一种特性，那么我身边的人也能看到，并且全世界的人类都能够看得到，只是碰巧我是最初的发现者而已。因为这些事物都是真实存在的，所以它们的存在将会是众所周知的事情。

释放灵魂与天性

毋庸置疑，灵魂与神灵间具有纯洁的关系，如果想要寻求外来支持或许会适得其反，并具有亵渎的意味。通常是这样的，当上帝进行表达的时候，他所表达的并不是单纯的一件事，而是所有，全世界都可以听到他的声音。他应该从头开始，在他所传播的思想中表达出光明、自然、时间与灵魂，一切都重新来过。手段、导师、经文、寺庙，这些都会烟消云散，因为纯真的心灵需要接受神圣的智慧，心灵在此时需要将过去与未来进行融合。与之相关的一切都将显得神圣无比并且平等。因为同样的起因，所以它们都被融为一体，那些小型的、特殊的奇迹会因为奇迹的普遍性存在而消失。所以，当有人自诩为上帝，谈及上帝并且让你回想过去，回想从前的古代民族时，请无视他的存在。果实才是最完美的呈现。一个人把自己成熟的原因归结于父亲，而不是归结于孩子，这是对过去的崇拜，为什么会这样呢？因为过去会时时刻刻对健全的心智表示反对。灵魂的光明不像时间与空间那样是可以用眼睛直观地看到的。它若出现则是白昼，它若消失则变为黑夜。如果历史中少了“我”的存在和那些让人感到愉悦的寓言的话，那么历史就成为一种粗俗伤人的举动。

人总是谨慎小心，瞻前顾后，且身板不够硬朗，“我认为”、“我就是”这种主观意愿表达用词都没有勇气说出口，而总是一味地借用古语，就连看到花朵盛放也会感到羞愧。不论何时，我窗前的玫瑰花都能满足于自己的现状。它们存在的今天就表示着它们与上帝是共存的。它们并没有时间的概念，有的只是自己的美丽，只需要在自己存在的时刻表现最美好的一面即可。当花瓣盛开时，它的生命即将迎来鼎盛时期，花朵的盛开与萎败都不会单独地展现出某一朵的盛荣与凋零。它的天性被释放了，同样也因此满足了大自然，时时刻刻都是如此。但人类总是在不断地回忆，不断地对于过去发生的事情表示追悔，完全忽略了他存在于现实生活中，忽略了周遭的财富，却要踮起脚来去看遥不可及的未来。如果他追不上自然的脚步又无法正视现实，那么他将永远无法拥有快乐与坚强。

灵魂力量的原动力

自立是无须多言的，但是很多坚强的智者并没有听从上帝的教诲，他们所表达出来的内容我了解得不多，例如大卫、耶利米，或者是保罗说过的内容。仅仅依赖几篇经文或传记是远远不够的。不能像小孩子一样靠死记硬背去记住那些箴言或教条，这些是偶尔才表现出才华与个性的人之作。而且，有人逐渐开始去分析这些词句中所表达的观点，在理解了其内涵义之后对于原话就没有那么较真了，因为已得其真理，并能随意地加以运用了。不仅要活得真实，还要观察得真实。强者与弱者会各自保持自己的优势和特点。当我们拥有新知之后，对于过去，我们会像清除垃圾一样，不加考虑地将其清除掉，未考虑过那曾经也是一笔记忆财富。能与上帝生活在一起的人，说话的声音都如同动听的溪水和风吹稻田的美妙之音一样。

截至今日，表明这个论题的神圣真理并未出现，抑或是无法进行呈现。因为我们所描述的所有都是存在于直觉或记忆当中的。我接下来所说的就是我用现在我所认为的最贴切的方式来表达的思想。当幸福来到你的身旁时，你获得了生命，这些都是特殊的，你无从寻找足迹，也无法看见面孔，更不会得到任何有关名字的信息。所得到这些幸福和思想的方式与渠道都是非常特殊的。它与你曾经的经历和经验是完全不一样的。你并不跟随于别人的脚步。曾经过往的那些人都是被遗忘的。在它的影响下，害怕与希望共存。尽管希望有不尽如人意之处，幻想也没有什么可以让人感激不已的地方，但在激情之上的灵魂可以从中看到共性与永恒之间的因果关系，并且从中提炼出真理与真我的存在，并且因为事物顺利，所以感到镇定。时光日复一日地过去，空间的变换也都并无大碍。我内心的想法都是我曾经生活情况的呈现，到现在也是如此，这也许就是生死之初吧。

逝去的岁月已成为历史，生命是最具有价值的。当万物静止，力则不存在，在那新旧更替的转变时刻，在那海湾的冲击时刻，在那目标实现的存在时刻。

灵魂形成的事实是一个让世界都讨厌的事实，因为过去永远会遭到贬低，富足会转变成贫困，而名誉会变为耻辱，圣人与无赖之间也不会有多大的差别，耶稣与犹大都会被丢到一边。但自立仍然是我们一直没有停止讨论的话题，因为灵魂与力量共存，并且是原动力。依赖却是并不深奥且高尚的话题，它实实在在地存在，并且发挥着它的作用，那么我们来谈谈关于依赖的事情吧。我掌握着自己的命运，没有谁会比我更顺从自己。虽然不需要我耗费太多的精力，但我必须聚精会神地以此为中心。我们一直认为所谈论的美德有过于夸大之意，那是因为我们看不到美德的至高处，也看不到人类因为不适应接纳原则从而借力于自然法则来完成所有疆土、有识之士、富翁权势之人的征服与驾驭，因为这些也全然不是制高点。

控制欲望

不论在哪一个论题上，但凡遇到了这个问题，我们最终都会获得一个基本的事实：上帝是世间万物的创造者与主宰者，自立是不可或缺的自然属性。在不同的生命形式中，它会以不同的程度进入，然后根据程度的大小来制定区分善恶的标杆尺度。万物所具有的优点则用以区分它们的真实程度。所谓重要的东西，包含了商、农、林、牧、战争等，只不过所表现的不论是美好的行为抑或是虚假的行为，都是值得我们敬仰的。在自然界中，大自然在负责任地保护和发挥着它的巨大作用，并且它也是衡量所有正义的基本标准，所有的自立能力都是在大自然的允许下才能存在于各个领域的。一颗行星经历过袭击后仍然能屹立不倒，就像每一种动植物都需要依靠自己战胜困难才能拥有强大的生命力一样，所以这也是自立灵魂的体现。

一切事物的集中让我们避免了漂泊不定，让我们能泰然自若，在这样神圣的事实下，我们要让那些蛮横无理、擅自闯入的人知道，书、教条只能自觉遵守，上帝就在这里，入侵者们，放下你们的武器，我们将用单纯来制裁你们，用我们的法则来让你们了解大自然的力量，并且让你们知道除了财富之外，我们还拥有其他的东西。

然而，我们现在是凡人之躯，人对凡人并无敬畏之心，在上帝那得不到规劝的天才要在自己的世界里与自己内心的波澜海洋进行交流，而不是走向外界奢望别人给予一杯水。我们需要独自一人，我认为任何形式的布道都比不上在礼拜仪式前整个教堂中的沉默时刻。所有人看起来都那么的神圣崇高、贞洁遥远，让我觉得自己仿佛也置身于礼拜中或圣所中，所以一直都保持着坐着的姿态。我们与所有的亲朋集合在一起，我们也应该和他们保持同样的模样吗？即使我们具有同样的血统，我也不需要与他们有同样暴躁或愚蠢的性格，我认为与他们不同并不是一件羞耻的事情。所以孤立并不是指物质上的，而是指精神上的，或者说一定要有崇高的灵魂品质。时常会有人筹谋着把那些琐碎的事情通过无限放大来纠缠于你。亲朋、困苦都会一起涌向你，朝你说道："出来吧，你跟我们是一起的。"但是，你需要保持原有的样子，不能被卷入其中。人们是具备各种打扰的本事的，但我们需要做到处事泰然，除非得到我的首肯，不然谁都别想以任何借口靠近我。"忠于所爱，欲望越多，反而会让我们得不到这样的爱。"

真诚地生存

如果我们无法一次性达到目的，不能做到绝对地服从与信任，那么我们也应该能经受住诱惑的考验，让我们做好进入战争的准备，与雷神、战神同在，勇敢坚定得像以撒克逊人一样。在和平年代，仅需要讲真话就做到了这一点。停止各种虚情假意，别对欺骗他人心存侥幸。让他们知道，父母、妻、子、朋友、兄弟，虽然大家表面上是生活在一块的，但从现在开始，我要做一个真诚的人。从现在开始，我要你们知道，我不会向任何低于永恒法则的规矩低头，我需要的是亲近而不是盟约。赡养父母、养育子女、做忠贞的爱人都是我需要尽全力做到的事情，但我需要用一种从未有过的方法来供养他们，不被习俗所束缚，而是做真实的自己，再也不会去做任何会毁了你我的事情。如果你并不是只爱我的表面，那么我们会因此得到更多的幸福。如果相反，我也能懂得你们的道理。我并不喜欢去故意伪装自己的喜好，我真心地相信神圣的东西都是深沉的，我真心地相信在日月天地之间，只要是我从心底觉得高兴的事情，我就会义无反顾地去做任何来自心灵的安排。我会因为你的高尚而更加爱你，但如果你并非如此，那么我会认为没有必要去假装殷勤，这样反而会相互造成伤害。如果你我确实有所不同，那么请你去与你走共同道路的人相处，同样，我也愿意去寻找与我走相同道路的朋友。请相信我，我这样做都是出于谦恭与真诚，并无任何自私的想法。不管我们的生活中充斥着多少谎言，在真诚的生活中仍然有能符合任何一个人利益的存在。我想现在你们对于这些道理并不会觉得很刺耳吧。我想你们会快速爱上因我们的天性而设立的所有，并且如果我们一直追随，那么我们会得到指点。但是，有可能会因这些做法而给你的朋友带来痛苦。即便如此，但我仍然不会为了顾及他们的情感而不理会自己的自由与力量，何况在绝对真理的领域中，谁都会存在理性的时刻，所有人都会认同我的做法，并且会和我做同样的事情。

平民百姓认为摒弃了常规的标准就是摒弃了所有的标准，这是典型的反律法思想。胆大妄为的好色之人需借哲学的名义来为自己犯下的罪行开脱，但是无法逃脱意识的法则。如果想要赎罪，那么必须做到两种忏悔中的一种：一种是直接的方式，另一种是反省的方式。在二者中，任何一个都可以完成一系列的职责。可以考虑考虑你与亲朋好友、邻里等之间的关系，是不是他们中的任何人都能直接地责备你，不过可以把这种反省的标准当作不存在的，我会用自己严苛的准则与轮回的方式来处理此事，如果我能为那些被意识法则所否认的职责进行开脱的话，那么它就能为我抛弃所有世俗的法规，如果谁认为这是个过于宽容的法则的话，那么就请他花足够多的时间来遵守它的戒律即可。

自立精神的建立

将普通动机丢弃，勇敢地相信自己能成为一名领袖，这需要拥有非比寻常的勇气，必须做到品德高尚，拥有忠诚的意念、犀利的目光，只有这样，人们才能正大光明地订立学说、订立社会、订立法律。同样，人们任何一个简单目的才能够像一个坚定的需求一样坚强。

人们对于社会有着明确的定义，如果谁能够考虑到方方面面的话，就能够清晰地了解这些道德标准存在的必要性。如果人类的心机被抽走，那么人们可能会变得胆小怕事、唯唯诺诺、忧伤哀怨，同时害怕现实，害怕命运，害怕身边所有的一切，所以没有人是完美的，即便是伟人。我们需要这样的人存在，因为他们能将生活进行改革，将我们的社会状况进行改革。但是我们却发现这样的人很多都是破产的人，他们无法保证自己吃饱穿暖，空有一腔雄心壮志，却无任何能力去实现。

其实，有谁不是为了有一口饭吃？我们所从事的职业、所谈论的艺术、所经历的婚姻、所信仰的宗教都不完全是我们自己的选择，而是在所存在的社会中出现的。我们正如纸上谈兵的士兵一般，躲避恶战连连的命运，但战斗其实是所有力量的源泉。

如果在第一个事业中受到了挫折，那么年轻人的自信心可能会受到打击。如果是一个年轻的商人失败了，他会对别人说他破产的传闻。如果是名校的优秀毕业生在毕业一年后仍没能在波士顿、纽约或其他什么地方工作的话，那么他身边的人可能都认为他会灰心失望、郁郁寡欢。一个来自新罕布什尔或佛蒙特的健壮小伙子尝试了所有职业——做过走街串巷的小贩、赶过车、种过地，也做过牧师、创办过学校、做过编辑、参与过议会、买过地皮等等—— 一直以来都没有遭受过挫败，一百个庸人都不如他一个人会的技能多。他随时在学习进步，所以他的一生是非常有意义的。他拥有各种各样的机会，让一个斯多葛主义者放下本身拥有的智慧财富，告诉世界，他们并没有依靠什么，自身就具备了超凡的能力。自信一定是伴随着新的力量出现的。诺言构成了一个个的肉体，是为了医治这个民族而产生的。我们的怜悯之心会让他感到羞耻，如果他能自主行事了，那么任何规则、书籍、偶像和习俗就会全部抛到九霄云外，我们更需要表示感激与尊敬——领导始终都会展现自己的光彩并且明艳动人，留在史册中。

掀起一场关于自立精神与人们职责之关系的革命确实并不难，只不过需要耗费伟大的自立精神，所以这样的精神存在于每个人的脑海中，不管是医生、商人，还是工人、社员等。

英勇的指引

看看人们是怎样祈祷的吧，他们眼中的神职人员不够勇敢、不够果断，还不停地将祈祷的眼光看向其他的地方，试图寻求来自自身之外的美德来进行补充，可最终使得自己在这些自然、超自然、融洽而又神奇的无穷尽的迷宫中走失。恳求是一种并不可能完美的东西。祈求是站在一个制高点对现实生活进行思考。它喜欢观察，喜欢与那些欢喜的灵魂对话，是上帝表现自己能力时的呈现。但是如果认为祈祷能达到某种目的或要求的话，那么这就是一种卑劣的行为了。天性和意识之间存在着矛盾性和不一致。但当人与上帝的精神达到统一时，就不会存在任何祈求，并且会从任何行动中看到祈祷的影子。就像农夫会在自己的土地里祈祷能除去杂草，渔夫在自己的船上祈求能大丰收一样，他们的目的都不是高尚的。但是在自然界中这些都是真实存在的。在弗莱彻的《邦杜卡》中，当人们都劝卡拉塔奇去探求下奥达特神的想法时，他说：

> 我们需要通过努力达成他所向我们透露的意思；
> 英勇是真正属于我们的神明。

人类的悔恨是一种另外的虚假祈祷，对于事物存在不满就是缺乏自立的表现，也就是意志不坚定。如果只要悔恨就能让受灾者得到帮助的话，那就尽管去悔恨吧。如果并没有获得多大改善的话，那就应该专心去做自己的事情，因为这样才是补救灾害最有效的方法，只依靠怜悯是一种比较幼稚的行为。在看着他们对死去的人哭天抢地时，我们能怎样呢？只是陪着他们哭号，却不是向他们传授真理以使他们的心灵得到抚慰，又或者是给他们带来震撼，让他们与自己的理智进行对话。快乐是让我们幸运的秘诀。能够自立的人是会受到神与人的喜爱的，处处的大门都会向他开放，向他表达的都是敬意，荣誉也都属于他，他将成为万众瞩目的焦点。他并不需要我们的爱或者拥抱，尽管我们乐意很热情地去赞美他，他却仍然只按照自己的方式做事，对别人的非难似乎都视而不见，这就是众人恨他但诸神爱他的原因。因为在一切凡人眼中，享受庇佑的神不可能一直存在。这是索罗亚斯德所表达的意思。

自我修养

祈祷其实是人类意志上的一种弊病，而人类的信条则是智能上的一种弊病，他们对痴迷于上帝的选民们说："如果上帝不与我们对话，可能我们会活不下去，不管你找谁来跟我们说，我们都会听从的。"不管怎样，我们都见不到我们心中的上帝，因为他的神殿大门已经关上，一直不断重复着他们心中的上帝，或者相关的寓言。不同的心灵成了不同的类别，像洛克、拉瓦锡、赫盾、边沁、傅立叶，他们的头脑都是一个个非常活跃，并且有着超强能力的头脑，通过把自己的分类强加到其他人身上成为一个崭新的系统，他们所拥有的自信与思想境界都给学生带来了恰到好处的事物及感触。可是，在教义与教会中，这部分表现得特别明显，这些教义教会也是别人思维成果的展示，是根据人与上帝和人与人之间的关系而形成的类别。比如加尔文派、贵格派、斯威登堡派都是如此。学生们都喜欢运用新术语来讨论所有的一切，就像刚刚学会了一门新课程的学生一样，看到可以运用新知识来表达的事物时，就不停地加以运用，时间一长，他们会发现通过老师的教导与自己的研究，智力有所增长。但是在繁复的心灵中，这些都被偶像化了，它不会被当作一种手段，而只会被当作目的。所以，在他们眼中，在遥远的地平线上，所有都融入了宇宙，天空中的各类天体就像是在老师所描述的苍穹中一样。他们认为你们这些异类是没有权利看到的，但是你们为什么能看见呢？他们认为你们肯定是用了什么手段从他们那里窃取了光明。因为不是完整的体系，所以那种强烈的光会照射进任何一间房子的任何角落，不管是谁的都一样，但是他们却区分不出来。任凭他们七嘴八舌地去争论，最后据为自己的。如果他们能做到诚实、大方得体，那么他们那整洁的房屋就会立马显得狭窄低矮，就会马上破损坍塌，甚至会消失不见。那不朽的光芒不断散发的是欢快的气息，光芒四射，色彩斑斓，照亮整个宇宙，就像天地初开时的清晨所发出的第一缕阳光一样。

另外，很多人盲目地追求旅游，是因为他们缺乏自我修养，并对意大利、英国、埃及的文化崇拜不已。到现在，很多受过教育的美国人仍然痴迷于旅游。而那些被人所敬仰的国家的子民像一根地轴一样保持着自己的风格不改变，并以此吸引了更多的后来者。做决定之前，会觉得职责就是属于我们自己的。灵魂并不是漂泊不定的，而智者是驻扎在家园中的，如果出于职责所需，他必须离开家或者去异乡的话，他也依然会待在家里，而且他的表情会让人们感受到他的想法，他就像国王一样走访各个城市，不停地传播着美德与智慧，与他人结识成为良友，而不会像商人或仆人一样。

有些人喜欢一直待在家里，并不想通过远游而获得更高超的知识或远见，我不会盲目地反对那些为了艺术研究或慈善而进行的环球旅行，如果是因享乐或猎奇而旅游，则是脱离了自我。当你置身于古旧之物中时，就算你是个年轻人，也会感到时间的流逝，就像身处底比斯、帕米尔拉，人的意志已变得像这些古旧城市一样老旧，就像废弃之物来到了废墟之中。

心灵的指引

旅游会让很多头脑简单的人感到快乐，起初我们旅行是为了走向那些冷漠的地方，在家里都想着可以沉醉于那不勒斯、沉醉于罗马，丢掉一切悲伤。收拾好行囊，与朋友相拥告别后，扬帆起航，但在那不勒斯醒来之后看到身边的事实仍然是严峻的，于是不禁感到无奈，为自己仍然与之前一样而感到伤心，只想从现状中逃脱。不停地寻找着梵蒂冈、圣殿，在美好景色与憧憬中自我沉醉，但事实却恰恰相反。我有巨人陪伴，他会陪着我走向四面八方。

另外，旅游的狂热可以影响整个人的思维逻辑，并且深刻而不完整。智力是飘忽不定的，我们所接受的教育只会让我们徒增浮躁。就算身体被困在家中，可心灵已经在外游荡了。除此之外，我们还会模仿些什么呢？根据外国的建筑格调来修建房屋，用国外的装饰品来装点橱柜。我们缺乏自己的观点、喜好和才能，不停地追随着过去与远方。灵魂创造了艺术，创造艺术的地方也将成为艺术所繁荣的地方。艺术家是按照内心的感觉去寻找所要的模型的，他会在他想要做或想要了解的环境里融入自己的思想。为何我们要按照陶立克或哥特式的原型来表现呢？那些美好、远大、优雅的思想对于我们而言和与别人的距离是一样的。如果美国的艺术家们要研究他们的所作所为，分析完气候、土壤、昼夜、人民诉求、政府作风与风格之后，他就能建造出一座人人都适宜居住的房子，而且还能找到一些乐趣。

保持自我，绝不抄袭，那么你终日积累的能力与修养就可以随时展现你的天赋才能，但你若只是顺着他人的才华，它将不会全部且永远地属于你。每个人的长处都来自于自身的造物主，如果你不主动施展你的长处，有谁会知道那是什么长处呢？莎士比亚可曾有过老师？富兰克林、华盛顿、培根、牛顿又何曾有过能对他们进行指导的老师呢？每一位历史上的伟大人物都是唯一的。西庇阿主义也是常人无法企及的。研究每一个伟人的人都是不可能成为伟人的，应把自己的事情做好，不要有过高的奢望，不能鲁莽行事。这时，你需要勇敢而崇高地表达出你的内心想法，就像菲狄亚斯的大巨凿子，或者埃及人的巨大泥刀，或者摩西、但丁的大笔一样，当然也可能有不同之处，就算有满腹诗书，能舌战群雄，也不能用贬低自我的方式来进行重复。但如果你能听见这些始祖对你说的话，那么你肯定也能用同样的方式来回复他们。要知道，听觉与发音虽然由不同的器官完成，但都属于感官器官。充分展示你生命中最淳朴高尚的领域吧，听从心灵的指导，你将不会成为“前世”。

发展的变化

最终，如果我们在宗教、教育、艺术等方面都向国外学习的话，社会风气也会逐渐相通，所有人都知道社会改良是有好处的，却没有一个人愿意去为之改进。

倒退与进步都是在无声无息中迅速发生的，不断经历着变故，从野蛮社会走向文明社会，接着走入基督社会，之后是富裕社会、科学社会，社会在一步步发展着，但这种改革并不是改进，在得到的同时也会失去。社会在不断更新技艺的同时会让很多事物丧失原本的样子。美国人一直以来穿着讲究，能说能写会思索，与一无所有的新西兰人形成鲜明的对比，前者有钱有势有地位，后者却只有木棍长矛草席和与很多人挤在一起的木屋。但若观察两者在体能上的对比，你就会发现，美国人的体力大不如从前。如果真如旅行家所说的，那大可以同时砍向野人和美国人，野人可能只需要短暂的几天就能恢复体力，但白人估计就会没命了。

发明了马车，却因此失去了运用双腿的能力，因为有“拐杖”的支撑，所以肌肉便失去了支持双腿的需要。高级的日内瓦表取代了靠太阳来判断时间的技能。他拥有任何可以得到的资料，因为他有一份格林民治天文年鉴，但是现在很多人都对天象并不了解。不懂得如何观察夏至日和冬至日，也不懂得春分日与秋分日的区别，虽然年历上标记得很清楚，但在他的脑子里并没有进行标记。笔记本让人脱离了记忆，图书馆让人的智力不断提高，但负荷也在增加。因为保险公司的存在，所以现在事故层出不穷。机器无关利害，我们是否因为讲究文雅而失去了活力？是否因为被教条形式束缚而失去了粗犷的气质？这种种都是问题，哲学学者永远都像斯多葛一样，但是在基督教世界中又是怎样呢？

道德标准的偏差并不亚于高度或者体积，现代的人也不比从前的人伟大，我们可以看到，曾经的伟人与现在的伟人并没有差别。19世纪时，在文化、科学、艺术、宗教与哲学等各种因素相互沟通发挥作用下所培养出来的人们也并不比普鲁塔克所描述的两千多年前的英雄们要更伟大，人类的进步并不仅仅是因时间的推移而产生的，像苏格拉底、阿那克萨戈拉、第欧根尼，抑或是福四翁也并没有产生多大的差别，如果谁能像他们的差别一样，那也不能把自己归结于他们一类，而是会独立成为一派。每个时期的发明创造和工艺都只代表当下的那个时期，并不会多么地振奋人心。机器经过改良后，害处大于本身所带来的好处。在渔船上，哈德逊和白令也能完成那样多的伟大业绩，让创造了巨大科技成果的巴利与富兰克林感到无比惊叹。伽利略仅是用一个看戏用的小型望远镜就发现了前所未有的天文现象。哥伦布发现新大陆也只是在一条小船上，而且小船还没有甲板。每段时期，都有一批旧时的工具与机器被淘汰，这些物品多少都曾经给世人带来了不小的轰动，这样的现象也确实让人觉得有些疑惑。所谓天才也不过是普通人而已。战争的艺术被归功于科学发展，但是实际上拿破仑是用露营来征服整个欧洲的，既有空手与敌人相搏的英勇，也有不顾一切、无所畏惧的信念。拿破仑的理论是完善的，否则是不可能建立与存在的。拉斯卡斯认为士兵们效仿罗马人，就能自己解决食品供应问题，自己动手磨面来烤面包，也就不用再害怕陷入弹尽粮绝的境地了。

命运的运转

社会就像波浪一样，海水从未停止过脚步，波浪一阵接一阵。波浪的一致性只是一种表象而已，同一个泡沫也不会经历低谷到波峰。如果一个人在某天创建了一个国家，第二年他去世之后，他的经验也同样会消失不见。

所以，不管是依赖于财产还是依赖于保护财产的政府，都会被视为缺乏自立的表现。一直以来，人们关注物比关注人的程度要重，所以宗教、学术和政府机构就被当作保卫财产的卫士，他们对于攻击这些机构反对之至，因为他们认为这样会让财产遭到危险，他们尊重一个人并不是看这个人是什么，更多的是看重这个人拥有什么。如果一个有教养的人敬重自己的天性的话，会为自己的财产而感到羞愧，对于自己拥有的东西表示憎恨。如果是来源于继承或者赠予，说不定是通过一些违法手段得来的，所以他认为那不是属于他本人的东西，并不是真正意义上的自己的，只是存放在那里而已，总有一天会被革除、抢夺而去。但是人的生存只需要通过获取表象的东西即可，人所要获得的就是财产。

他不听从任何人或事的差遣，不管是暴名、革命者、统治者或者是任何的自然灾害，而是随着自我的更新而变换。阿里哈利法说过：“你被命运不停地追寻，所以你就停止追寻吧。”如果我们对舶来之物过于依赖的话，最终就会变成对数量的盲目追求。政党们的会议召集次数越来越多，规模也越来越大，宣布任何事情时都会出现一片喧嚣。来自不同的党派和团体，埃塞克斯、新罕布什尔、缅因州等，不知多少双眼睛在注视着，多少只手臂在挥舞着。就在此时此刻，爱国青年的意识更加强烈。改革家们不停地召集会议，进行选举，作出决议。停止吧，朋友们！如果想得到上帝的青睐，那么你需要反其道而行之。当人们放下一切外援的时候，强大的主才会让我们看到他强大的力量与成功的能力。他越是纳入新的血液，越会因此而变得虚弱，一个人难道比不上一座城吗？别去指望别人能怎样，变化是不停歇的，那么你将看到你强大稳固的支柱，并且能支撑起你身边的一切。人类需要明白，力量是人与生俱来的能力，人类软弱是因为求助于外物。只要明白了这一点，那么谁都会立刻追随自己的思想去改变自己，抬头挺胸，听从自己内心的想法而大胆去创造契机，双脚站立的人自然比用头倒立支撑的人稳当。

所以，充分去运用“命运”所带来的一切吧。很多人都在不停地跟命运赌博，输赢取决于他选择轮子向什么方向转动。但是，这些赢来的都是非法所得，必须放下，只有在放下之后才能去跟“因果”这个司法官——上帝交流沟通。带有目的地去工作吧，你已经拴住了机缘的轮子，从今往后不要再担心它的旋转。政治胜利、利益提高、健康体魄、老友相聚或者其他各类好事，都会让人感到身心愉悦，于是就会让你感到你即将面对你的好日子了。你要相信，只有自己才能为你带来安宁，所谓必胜的原则也不一定能够做到。

Part 2

自信（SELF-CONFIDENT）

时代不停变迁，只有抛弃陈旧的传统习俗，才能获得灵感的降临，随之带来创造与希望。与此同时，心灵会不断受到震撼。淡然地面对过去曾经的一切，保持真我，哪怕过去的懦弱曾让你失去了正气。但要相信，自信会改变一切，更会决定生命的一切。

处事泰然

无忧无愁，像帝王一样不在乎是否要讨得他人的欢心，处事泰然的方式是人类与生俱来的态度。儿童正是这个社会的主人，他们无所顾忌，不需要承担责任，在他们的世界里，他们用他们的角度来看待一切人事，用儿童所具备的简单迅速的方式来对一切作出评判。他们不会被结果或者任何的名利所束缚。他们的裁决富有孩童的天真与率直。虽然他不会附和于你，但是你却不得不去顺从他。但是人却被自己的意识所局限，只要他的言行让他收获了声誉，那么他将会受到他人喜恶的牵制，难免要做一些取悦他人的行为，再也不能不顾及他人的情感，因此又希望能像以前一样独立自在，不受任何束缚与尘世的影响。彻头彻尾的白痴与率真的人才是真正的强者，并且一直会如此。能直接表达自己见解的人就像犀利的剑一般，让人心生敬畏。

不过，这些都是我们抽身于社会人群时所感受到的，一旦进入尘世中，这些感受就会变得微小甚至消失不见。社会中的种种都在影响着每一个勇敢正直的社会成员，这个社会就像一个股份公司一样，所有人都为了让每个股东的利益得到保障而牺牲部分人群的自由和文明。附和成了最被人推崇的美德，相反，自信却成了障碍物。真实与独创并不受到他的喜爱，他爱的是尘俗与虚名。

如果要做一个真实的人，就需要打破传统，摒弃恶俗；如果想史册留名，就需要抛弃美好的生命，去寻找真实。除了内心的正气，其余的一切都难免落入俗套。

……

我所要做的事情并非别人所想的，都是与我有关联的事。这条原则在现实与精神生活中都是难以实现的，它能作为区分伟大与卑微的基本标准。你会不断遇到那些自诩更了解你自己的人，所以要实现这样的原则确实是一件不容易的事情。在尘世间追随大流并不是件难事，远离人群隐居也是件容易的事，伟大的人物虽然同样置身于这样的尘世间，但仍然能做到身心自主。

拥有个性

我们不赞成教条，是因为它会削弱你的力量，耗费你的时间精力，淹没你的个性。如果让你来维持一所死气沉沉的教堂，捐助一个毫无生气的圣经协会，跟随着党派表示赞成或者反对，和一个普通的家庭主妇一样安排饭食，在这些帷幕之下，我们难以看到一个人的真实面目，并且你本人会因为这些帷幕分散过多的精力。尽天职能让我了解、认识你，尽天职能让你自己得到强化。人都应该意识到附和只是一个盲从的游戏，如果我知道你所追从的宗派，那么我就知道你想要说什么、想要做什么。例如，我听一个传教士以优化教堂中的一项制度为布道的话题。事先，我早已知道他不会有任何有创意的言辞，也知道就算他把教堂的神圣一点点夸大，他也不会去做任何实际的行动。我也知道他自己曾表示过不会越界，不会作为普通人，只能以教区牧师的角度来看待问题。其实，他不过是雇用的代言人而已，而他所摆出来的架势更显得他虚伪造作。很多人都以各种各样的方式蒙上了自己的双眼，以此依附在任何一种言论之上。这样的附和不仅仅是让他们做了几件假事、撒几个谎，更让他们对所有事物的态度都成了虚伪。他们所说的每一句话都不完全真实，虽然让人烦恼无比，但是又不知道如何去更正。并且，人的天性会让我们被所依附的团体带上牢笼，并且头戴面具、身披画皮，慢慢地用优雅成熟的愚蠢表达方的来进行表达。前人也曾经提到过一种让人感到屈辱的体验，那就是在一种严肃拘谨的交谈中，要对那种平淡无奇的谈话表现得饶有兴趣。那些被迫保持笑容的人其实是皮笑肉不笑的，并且十分难堪。

如果不按照世俗的规矩来，将会被世人所不容，所以要学会察言观色。不管在什么地方，都会遇到侧目打量你的路人，如果不愿意与蔑视同行，那么还是回家吧，也许会一脸愁容。但是这些人的愁容就像他们的笑容一样，不知会在什么时候出现，也不知是为何，但会随着风向与舆论的矛头指向而有所变更。但是对于文人政客来说，民众的愤怒要可怕得多。一个通情达理、坚强的人可以忍受来自有教养阶层的怒火，那是因为这样的阶层本身是非常脆弱而敏感的，即便是动怒也会有所顾虑。如果这种平和的文火加上民众们的暴怒，并且煽动了那些贫穷无知以及社会底层的野蛮人种，那么就会产生野蛮的暴动，此时只有豁达宽容的态度才能够平息这样的怒火。

妥协是另外一种威胁到我们自信力的力量，过往的行为会成为别人对我们作出评价的参考依据，将现在与过去进行对调，对比之后让人感到失望的结果其实也并不是我们想要看到的。

回顾过去

回顾过去是为了什么呢？没必要为了与众人所知的观点表达不一样的意见而沉迷于记忆中，就算那是无法反驳的谬论也不能怎样。就算是在记忆中，也不能只依靠记忆力，而需要把过去的事情拿到现在来重新进行判断，并且从中悟出些什么来，从而形成新的智慧。玄学论中否认了上帝具备人的感情色彩，但当热烈的宗教感觉从灵魂深处爆发出来的时候，就用真心去接受吧，虽然会让上帝成为有声有色的式样。就像约瑟夫把大衣丢在娼妓手中一样，放下你的理论，脱身离开吧。

小人惯于用妥协调和的愚蠢伎俩，并且崇拜政治家、哲学家和神学家。如果伟人也染上了这样的习性，那就无法进行任何大业，只会顾惜自身的事物。我们每天都需要坚定地说出自己的想法与意见，哪怕它成为之前意见的对立面。这样一来肯定会遭到误解的，但是误解又如何呢？从古到今，多少伟人都曾遭遇过误解，如伟大的耶稣、哥白尼、苏格拉底、牛顿等，所以要成为伟人就不能害怕误解。

……

附和与妥协到现在需要停止了，它们需要接受众人的审判，餐桌上那沉沉的叫人用餐的锣音已经听腻，让我们换上斯巴达横笛那般的清新之音吧。

……

读书就像行乞与迎合一样，要获得他人的思想，就要迎合书本中的内容。

想象力会让我们编排出不存在的过去。王国、王权、财势都是一种冠冕堂皇的托词，平民们与伟人拥有同样的才能，但是为什么他们才会让人心生敬畏呢？就算他们品德高贵，但美德也是不能被他们随意挥霍的。关键在于现在是选择自己的路还是步前人的后尘。若他们能按照自己的想法有所作为，那么都会被会强大的光环所笼罩。

……

我们从寻求自信的由来中便可知道，自主而具有创新的行为会受到世人瞩目，可信托的对象是什么？能支配人们纯真自我的又是什么？天空中那遥远神秘的星星能让拥有独立性的这一切增添光彩，虽然这可能是个细微的且并不高雅的举动，但是其中的力量与性质来源于哪里？格物致知带领我们走向渊源，我们在那里能找到生命、智慧、品德的真谛，也就是俗称的本性或者本能。我们把这种与生俱来的本事称之为直觉，把所有来自日常的教育称之为后知。在冥冥之中，这些力量、这些事物都能找到它们的根源之所在。在静谧的时刻，内心有一种存在感油然而生，这种感觉与它们如出一辙，同样来自于生命和存在的起源，但我们并不明白奥妙在于何处。首先我们分享所有事物借以存活的生命力，接着将它们认为是正常而自然的事物，忘却对它们进行分享的生发之本。行动之源、思想之源全都来自于此。让人具有智慧的灵感感官，如果不接受这种灵感的则等同于对神明予以漠视及亵渎。智能的境域广阔无垠，我们置身其中，作为真理的接受人，对正义、真理不加思索地予以接受。但当我们究其来源、追其灵魂出处时，这些哲人的学说会变得荒谬不已，我们只能被动地对于他们的存在表示肯定或否定。自觉的意识与非自觉的意识是每个人都能予以区分的，这就是我们常说的直觉。强大绝对的信念产生于非自觉的感官意识中。即使他自己无法准确地表达自己的直觉观点，但他知道自己的直觉十分真实，就像日月星辰一般，不容质疑。

有意识的行动与探索不过是一种飘忽不定的东西而已，而无存在形态的直觉本能会支配着人的求知欲与各种敬意。头脑简单的人对于直觉的否定十分随意，他们对此并不坚定，也无所谓，且无法把直觉与概念区分清楚。在他们眼中，我所观察任何事物的方式是我自身有意识的行为，但其实都是源自于直觉。其实，直觉是一种来自内心深处的力量。如果我的后辈们能追随我同样发现了事物的某种特性，那么随着时间的推移，所有人都将认识到这个重要的发现。虽然前人未曾发现这个，但是我的感觉却是那样的真切与自然。

不因懦弱而缺少歉意

人因为懦弱而常常表达歉意，正气不复存在。我认为，我的这种肯定的话语让他不敢直接表达，而总是引用前人智者留下的言论。即使眼前是一片茂盛的草地和鲜花，他心中也会感到愧疚。其实，我窗前的那些玫瑰花与凋谢或者更为娇艳的玫瑰花有何关联呢？它们自然优雅地存在着，现在与上帝共存着。在盛开之前，每朵花都蕴含着勃勃生机，它们生存的每一瞬间都可以用完美来形容。盛开的花朵中蕴藏着强大的生命力，在没有叶子的根茎中，强大的生命力同样存在。美丽的花释放了天性，绽放了美丽，让自己与自然都得到了满足。但是，人却有所顾忌，被过去所困，不把注意力放在置身的现实中，而是不断地沉浸在过去。又或者，忽略了身边的一切财富，只知道眺望遥不可及的未来。当然，人超越了时间空间，在当下自然地享受，才能收获幸福与力量。

……

时至今日，关于这个问题仍未出现任何真理，或者说它本身就是不可捉摸的，因为直觉只是一种意识存在。思想、美德、生命力的起始是可以尽情表达的，不必窥探他人，也不必在乎他人的模样与言行。你的言行、品德应该是属于自己的。所谓楷模的经验并不可取，不应该落入俗套，也不应该盲目跟随别人的脚步。过去的只是表示了你过去的行为所不曾留心的部分，而畏惧与希望则更为低级。也就是说，希望略微带有一丝卑微的意思。在展望的时候，快乐和感激的成分其实并不存在多少。只有不被感情所牵制的内心才能察觉到事物的本质与起源，察觉到人权与真理的存在和独立。因为这一切都处于正常发展的步调，所以不需要为之担心。广阔无垠的天地间，时间不停地流逝，岁月也这般不重要。我所感受到的一切组成了我所有生活的根基，它影响着我的心灵，也影响着生命的起源与结束。

Part 3

自控（SELF-CONTROL）

得体的行为举止、适宜的言论格调、优雅的为人风度能让一个人的心灵与性格提升到更为高雅的境界。若要拥有如此的品格，不能缺失的便是自控，并且需要不断地接受来自外界的考验与诱惑。只有当你所有的表现发自于内心的时候，你所表达的一切才是真实的自我。

言论的力量

很多言辞犀利的评论家都喜欢对美国人的言谈举止进行评价，我觉得他们并不是因为怨恨而发起攻击，在我看来，如果我们能反过来听取他们的意见并且为之改正，那么更能体现我们的聪明之处。

社会上经常会有些人关注风度这个话题。风度具有无上的魅力，不论用多高的评价也不为过。用那些具有艺术鉴赏力的人的话来说，风度就像音乐、画作与建筑。甚至可以说，优雅的风度胜于美丽。所以，如果想要消除不良个性所形成的障碍，这是一件非常艰难的事情，除非从小你身边就有那些具备优良教养的人，为此你也能被这样的氛围所感染。

我非常感激那些言谈举止优雅的人，是他们让我感受到了人的力量并不在于那些装扮出来的表演技能，也不是财富权势，而是自身的行为与举止。

在很多文学作品中，我们不难看到其中所塑造的这样人物，他身边有着很多年轻有为且思想冲动的人，他虽身在其中，却心无旁骛，坚定自信，不被众人的情绪所影响。他并不随意地表达自己的想法，只有在关键时刻才会表达出他那独特的见解，且一语中的，很有分量。当周围的人对他的言论表示赞同并发出欢呼声时，他却平静地对待。在这些人物中，拿破仑是其中最具典型性的代表。在拜伦的诗歌里面，很多人物都属于此列。对于我们当中的很多人来说，没有谁不曾被世俗所羁绊，不经意间就会破口大骂、锱铢必较，或者鲁莽顶撞。

优雅的风度

风度需要依靠自然的力量来形成，最好的训练者就是自然。在低头工作或者入睡之后，哪怕平日里是个举止粗鲁的人，也会表露出他那份优雅的风度。当一个孩子还没有被社会上的恶习所感染时，不管是在游戏中、家庭中，抑或是社会上，他都是可爱与诚实的。但在成长中他学会在各种场合用各种肢体语言或表情来表达不同的意味，不像在孩提时代，根本就不会去考虑自己的言谈举止，更不会想到尔虞我诈，争得你死我活。不过在这种情况下，他就会慢慢失去思想，失去灵感。

众所周知，那些被长期封闭在象牙塔中的所谓学者们经常会作出一些令人可笑的举动。迂腐、羞怯、笨拙经常是知识分子的标签，他们与优雅的风度沾不上边。但如果优雅的风度需配备以智力，那么这些敏锐的学者们会马上将他们最高雅的风度展示出来。但奇怪的是，社会规则的制定者却是这些知识分子。我们会认为一个人无用无为并且对他表示失望，那只是因为他还没有寻找到适合自己的位置而已。只要将他放在了合适的位置上，他就会凸显出身上各类优秀的品格，从而建立伟大的成就。绘画作品的摆放是画廊中一个非常重要的问题，放到社会上也是一样的，你给自己怎样的人生定位，对于你的未来将起着至关重要的作用。环境是一个至关重要的因素。当人们与志同道合的人相遇时，生活才能更加美好与绚丽多姿。

有的人能做到一呼百应，有的人却无人搭理；有的人神采奕奕、满腹经纶、吸引众人，但有的人却抑郁深沉、声音低哑、言辞犀利，甚至有时候还会暴躁无比。粗俗鄙陋的举止与温柔可人的风格之间产生了巨大的差别，就像老态龙钟的老人与花季少女的差别一样。

寻求高雅的境界

一个人的心灵和性格可以通过风格表现得淋漓尽致。一个人的身姿、表情、言谈、面孔或者各种动作时时刻刻都在传递着他内心的想法，就像时钟上指针的变化，代表着时间的流逝。其实我们很多人对于人的言谈举止中一些细微的变化并不敏感，也不太留心，但是有些人却非常的敏感。吉卜赛人会通过一个人的言谈举止来推测这个人一天的运势怎样。美国有名的政治学家富兰克林曾经告诫过年轻人：当你的荷包不够饱满的时候，不要和你的债主提起还钱的事情。因为你的言谈举止会透露出你的窘况，那么他将会以看待乞丐的眼光来看待你，甚至会让你受到侮辱。你应该一边努力工作，一边忍受暂时的穷困，等到境况有所改善的时候，再去和你的债主面对面。这样你就可以用一种不卑不亢的语气与他交流，同样，你也会得到他的尊重。

现在我们会通过言谈举止来表现自己的风度与高雅，但是我们美国的这些年轻人有些过于心急了，反而无法做到轻松自在。可以这样说，我们所处的这个社会并不是一个充满高尚、充满优雅、充满风度的社会，追求于名利让我们承受了很多苦与痛。只有抛却身边一切浮华之物，才能抵达那高雅的境界。

表里如一

圣鞠斯特最大的特点就是他的雍容典雅，他曾经说过：“只要你能保持平静，你就能让所有人被你征服。”法国老外交部部长塔列朗也曾说过：“何为绅士，首要做到的就是头脑不发热，保持冷静。”

为什么你在家中和在公众场合是不一样的模样呢？如果按照风度所形成的方面来看，可能最适合用来解释的理由是基督教的教徒习惯。在一日三餐之前，他们都会闭上双眼，虔心祈祷。这样的习惯能够让人拥有宁静，让人拥有时间来进行自我反省。如果我们也这样做的话，就会发现我们的很多言谈举止是非常粗俗的，比如暴跳如雷、怨声载道、一惊一乍等。

培养优雅风度的一个很重要的原则是实事求是。当一个人费尽心力地去拍别人的马屁，并且疯狂吹捧的时候，他会在其中失去自我，风度也随之不复存在。激情、自信可以让人与低俗告别，从而走向高雅。但是为什么你不敢说出自己的想法，而要去重复别人的想法呢？不要担心会出什么差错，勇敢地说出你的想法，态度其实比观点的对或错更加重要。

在风度的培养过程中，自控也是一个不能缺失的部分。你的内心经常会受到肉体欲望的考验，你必须能压制住这种欲望，并且要将这样的能量进行转换，转为能把自己变得更为高雅的力量。就拿微笑来说，人类在进化的过程中，花费了很长的时间才让优雅的微笑代替了怒号咆哮。“我认为没有人会听到我发出不雅的笑声，因为我的理智在发挥作用。”这是切斯特菲尔德勋爵说的。文明与野蛮的激烈冲突充斥着我们的生活，也许我们的脑海里偶尔也会闪现一些并不高雅的念头，所以我们内心那些野蛮的原始本性应该受到更为严格的控制。

讲到这里，我不得不说上几句关于人类穿着的话。从穿着上可以体现出人类文明的进化演变规律。衣帽鞋袜都蕴含着非常深刻的道德意义。一个年轻的欧洲移民者在付出了一个夏天的劳作之后，能够拥有一件崭新的衣服，他所拥有的不仅仅是一件新的衣服，他会意识到，他的言谈举止都要与这套衣服相配相称，所以无形中他的行为就能得到改善。不过并不是所有人都需要通过衣着来展现自己的风度，比如一国之君、国之将领就不需要这样做。

其实，一个风度优雅、聪慧过人的人在穿着方面并不是特别讲究的。只有当他的大脑没有高速运转的时候，他或许才会留意到自己的穿着。如果知识分子和那些品格高尚的人很在意穿着的话，他们的衣服上肯定会出现各种各样属于自己的标识性标记，以此来展示他们独有的风格，让旁人都羡慕不已。但是，如果人不具备坚定的意志与敏锐的感知力的话，他就应该去一家高档服饰店为自己挑选一身精致华丽的衣服，让自己能够通过这样的方式来掩盖内心的不安，让外表能给他带来一丝安慰与自信。在社交中，衣着就像是为他建筑了一道壁垒一样，能让他从过去枯燥乏味的谈话中变得自由自在、神采飞扬。有一位夫人曾经这样说："我能从一身靓丽精致的衣服上获得一种心灵上的平静，而且这种感觉是任何宗教都无法带给我的。"

风度的铸就不仅仅依靠华丽的衣着与得体的举止，这些都是外在的表现，我们更需要关注的是内在的思想与灵魂，知识、友谊、美德都是不可或缺的。幸福一直都与智慧相伴，同样离不开的是诚实的行为与优雅的风度。与他人交谈时，我们的态度应该理智与真诚，并且从他人身上看到自己的不足。我在生活中与那些品质优秀、教养良好的人进行交流之后，会深刻地明白，他们举止的安详与优雅的风度是无法通过外在而获得的，他们拥有丰富多彩的生命，并且不存在偏见、阴暗和抱怨。

美源自内心

在人类行为的塑造过程中，风度有着非常重要的作用，这一点时时刻刻都在被验证着。曾经莽撞、平庸的人，现在已经不似从前，都十分渴望迈向高雅阶层的文化形态中。

风度具有让人幸福与快乐的力量，当我们想到一个人是因风度而受到他人的欢迎，一个信心满满的人因风度而决定了他的人生命运，那些宝贵的经验和鼓舞人性的性格象征都是来源于风度的传达时，我们就能够感受到这个层次的深广，逐渐明白风度与力量和美之间的关系。

风度就像那姣好的容颜，有着让人忘不了的深刻与美好，能让我们身心愉悦，并且能让我们都随之变得文雅高尚，这是我曾经见过的情形。并且，在那些难忘的经历中，美貌也比不上风度的美好，在这样的情况下，美貌甚至会变得丑陋不堪。但是，如果要识别风度，就要深谙什么是真正的美，并且有敏锐的洞察力。这种风度并不张扬，如果你加以迎合、卑躬屈膝或者是保守不了秘密，那你的言谈举止就会呈现出一种静止的状态。并且，只有美好的心灵才能激发这样的风度。如果谁拥有给人带来快乐而不是带去痛苦的良好心愿，那么他就拥有了一位能让他的身心都变得更好的美容师。救助一个陌生人就是一种善行。更大的善行就是认真热情地对待你身边的伙伴所表达的善意、思想，并且支持他、鼓励他。善行已包含了所有的检验，我们不用考虑会有什么特殊的情况存在。

制度约束

每个社会都离不开一个优秀的阶层来维护它的正常运作。毋庸置疑，组成这种阶层的人都是英明勇敢、光明磊落的人，并富有尊严和成就的光辉。每个国家都希望能存在这样的一个阶层，并且通过各种方式来促使这个阶层的产生，并为其所用。不管是在古代还是现代，欧洲各国都是通过子嗣继承来维持贵族世袭制的传统，以此保证优等阶层的存在与传递的。但在现代社会，这样的体制受到了质疑。虽然这样的制度能够在巩固家庭、维系传统习俗与传承优秀文化等方面作出贡献，但是英雄的后代不一定也是英雄，谁都无法保证几十年后的事情。一个不争的事实就是，财富和安逸是让人堕落的诱因。

我们可以看到很多拥有公共意识的人存在于很多乡镇与城市中，他们会在教堂、学校或者各种公共场所中提供免费的服务。在我们之中，有些人曾经接受的就是英国式的学校教育，所以他们都具备了一定程度的绅士风度。我们曾经讲过的绅士风度可能到现在已经不存在了，已被急功近利、求成若渴的激进一族所取代。但是我们能看到身边很多风度优雅的人都通过自身所散发的无穷魅力去感染身边这些急躁的人，用他们坚强的意志、丰富的心灵、慈悲的情怀、敏锐的洞察力及温文尔雅的言行来感染身边的人。这样的改变让我们感到非常欣慰。他们走到哪里，就能将美的享受带到哪里。在人类中，他们是高贵的分子，他们是优秀的交谈者，如果他们能够成为社会的中流砥柱，那么一定会让这个国家更为美好。

制定法律是为了让人们的生活更具有制度规律，但是每天却会出现大量的违法现象，并且让人烦恼不已。所以，忍让和牺牲成为我们必须学会的东西，这些看似小小的牺牲却是良好的举止。

言谈举止与公共行为，让我们在这样的文明社会中留下了很多遗憾，有很多地方需要完善。我相信，只要我们坚持，会有更美好的社会等待着我们，那时候会产生良好的教育、高品质的生活与优雅的风度，并且所有人都是可以拥有的。

Part 4

命运（FATE）

一直以来，人类都在不断地尝试去打破生命中的各种限制，从而改变命运。但是世间万物都存在着自身所拥有的法则，我们所遇到的各种限制就是命运的体现。我们需要做到的就是容忍这些限制并且能把握、善用这些限制，如此才能掌控自己的命运。

世间万物自有法则

世界上的万物都是存在着发展变化的法则的。不过，如果某些是不可改变的真实的存在，那么我们必须去接受这样的命运。并且，我们需要肯定自由，肯定人的意义，肯定责任是崇高的，以及肯定性格的力量。

“人世间的主教——命运之神，人世间的一切祸福都是由上帝所主宰的，他是那样的威严。世人曾发誓要违抗他的旨意，但是，不论经历了多少岁月，却依然保持现状。我们人世间的种种，不管是战争还是和平，是爱还是恨，各种嗜欲都受上天的安排。”这是乔叟在《武士的故事》中所表达的内容。同样，古希腊的悲剧中表露出同样的含义：“但凡命中注定要发生的事情，没有人可以逾越诸神旨意来庇护那颗无边无际的心灵。”

大自然不像人类那般多愁善感，不会娇宠我们。我们必须认清这个世界的险恶与严峻。一个人的溺毙并不会引起它的关注，它反而会把船只吞噬你的情形当作吞下了一粒灰尘那般平常。冰寒会刺痛你的骨髓、血液，让你四肢麻木，直到冻僵失去知觉为止，不会体谅人类一丝一毫。疾风暴雨、电闪雷鸣也不会对任何人示以尊重。老虎、狮子等嗜血动物的撕咬，蟒蛇那让猎物骨头爆裂的纠缠之力都是存在于这个世界的系统之中的。每个种类都需要与其他种类的动物进行竞争，以换取自己的生存空间。我们所生存的这个星球非常容易受到彗星的震荡和其他星球的摇撼。不管是地震、火山或是气候的变化都能将它劈开撕碎。江河的干涸是由于森林的开发，城镇的崩塌也是因为河床的变化。在短短几分钟之内，里斯本的一场地震就让一切变成废墟；西非严酷的气候就像钢刀一样屠杀着人类；霍乱、天花对于那些原始的部落来说，就像霜冻对于蟋蟀的杀伤力一般。天道和神医，像一条无法预测的道路，可能崎岖，可能坎坷，可能野蛮，但最终都是通向目的地的。

也许你会说，人类受到灾难的威胁，那不过是因为意外，我们不用杞人忧天般去担心这种翻天覆地的变化。虽然我们不必做过多的担心，但只要发生了一次，那么就很有可能还会再次发生。并且，如果在灾难中我们逃不过这些打击，那么我们的心中就会有所畏惧。

这些灾难与打击其实也不是时时刻刻在发生，所以那些法则的运用在我们身上体现得更为明显。每个动物的自然形态都是命运所规定的既定模式。鸟的喙、蛇的颅骨也决定了它们无法突破的局限之所在。世间的任何事物都会被各类条件所约束，十全十美的事情是不存在的。

人类尝试着去改变命运，尝试着打破这种局限，让自由的意志与之进行调和。印度人说过：“前世的所作所为就形成了现下的命运。”我们从谢林的话中看到了东方与西方的思维中巨大的差异性，但也发现了两者之间存在着巧合："每个人都存有自己的感觉，不管是在前世还是今生，世世代代都拥有。"

命运的价值

我们将所有限制我们的事物称之为"命运"。如果我们所表现的是野蛮残暴，那么命运所呈现出来的也是同等的状态；如果我们表现的是大度优雅，那么相对而言，我们被限制的事物就会变得有所缓和。如果我们将高度提升到精神文化层面，那么与之所限制的实力就会成为一种更高境界的形式存在。

芬里斯魔狼最终并不是被钢铁或者大山的力量制伏，而是被一条比蚕丝还要柔软的袋子所降服。它越是挣扎踢踹，这条带子就会变得越来越紧。命运之锁也有这般效力，牢固且强韧。不管是烈酒还是蜜糖，不管是地狱的火焰还是毒液硫酸，不管是天才还是奇才，都逃不脱这条柔韧的带子。因为命运所被赋予的意义是无限崇高的，思想都无法凌驾于命运之上。

命运就像复仇者，它维持正义，严惩恶行。对于无法得到伸张的正义，它一定会给予重击，哪怕不是现在，但是它一定会做的。延续优良的，淘汰残败的，在诗歌中都是这样唱的："对于邪恶者，上帝本身并不会以善相对。"

不管是从物质方面、心灵方面、道德方面、性格方面，我们都是在不停地追随着命运，命运是束缚也是局限，但命运同样是被统治的，它也存在着极限。命运虽然无穷无尽，但是在这个对立的世界中，还存在另外一种无穷无尽的事物，那就是力量。如果说力量被命运所逼迫与限制，那么同样，命运也被力量所伴随与反抗，并且总有一天会被力量推翻。

自由意志不能被人所忽视，我们不妨来看下一个存在矛盾的定义吧。自由是必然的，只要你愿意，你就可以归于命运派，认为命运就是所有的一切。此时，我们就会认为命运中的一部分是由人的自由组成的，人的内心一直以来都存在着选择与行动的力量，会用才智来对抗命运，一个人拥有自我的体现之一就是他在不停地思考。

现实比命运更为重要，关注现实才能让人身心健康。合理的情况是有效地进行使用与支配，而不是瞻前顾后、有所畏惧。前人说过，自然的名字叫作宿命，如果我们过多地被局限所羁绊，那么就会和听命于命理的人一样让自己处于一个危险与卑微的境地，并且越是害怕厄运就越是会招惹它。

我说过的一些民族，他们皆具有强烈的英雄主义，并且是自豪的命运信仰者，他们信服于命运，但凡发生了任何祸事，他们都会忠诚地服从命运的安排。但是，同样的信条在不同的人身上会有不同的体现，比如在那些弱者和懒惰的人身上，又或者在那些懦弱邪恶之人身上，他们会把所有的错误和责任都推给命运。对于命运，我们要正确地看待，并且以此来提升自己的行为意识形态。这让那些懦弱邪恶之人认为坚定的意志就像地球引力般的强大，并用以作为固定的方式，在没有任何力量、劝说和贿赂的情况下，让他意识到自己只能放弃自己的目的。

利用命运最好的方式就是向人类宣告要有勇气来面对生死。只要你明白你所受到的指引来自于命运之神，那么你就不会畏惧于海上的烈火、他人家中爆发的霍乱、自己家中半夜遭遇的贼，也不会畏惧职业生涯中需要面对的一切艰难险阻。为了你自己的利益，请相信命运。

人是命运的一部分，既然命运如此强盛，人类就可以利用命运来抵抗命运。我们在抵抗命运的时候，存在着野蛮的因子，这些也源自于宇宙事物中所存在的一些未知的情况。一支玻璃试管虽然是由薄薄的玻璃组成的，但如果装满了海水，也同样有足够的能力来抵抗海洋的强大撞击。冲撞力和反冲力是对等的，冲撞力越大，那么反冲力自然也就越大。

我们能看到眼前的一切事物，是因为光进入了我们的眼睛。如果我们脑海中的真理能不停地浮现，那么我们的内心就会开朗明亮。所以我们要成为立法者，成为自然的代言者，也要成为预言家以及占卜者。

人类认为，就算被命运所支配，自由也是不可或缺的。生命在自由面前会显得十分渺小，但要获得自由的前提是必须具备优良的品德。

命运的局限

在人们成长的过程中，“局限”会成为测量仪，所以我们必须容忍它的存在。我们面对命运时，就像年幼的我们在家里的墙壁上面，一年一年地留下自己成长的痕迹一样。但是，孩子长大成熟之后，迟早会推翻这面留下历史印迹的墙壁，去修建一面更新、更大的墙。每一个勇敢的年轻人都会接受训练，学习如何掌握与把控好命运这条飞龙。他需要获得将热望与障碍力集合成为武器与翅膀的技巧。那么，在命运与力量面前，我们可以相信它们是具有统一性的。

那一股股浊流不断地喷涌着，威胁着要破坏我们的理智，但这些在智慧的作用下都会转化为有益的力量，只是人们还未曾认清命运这个原理罢了。

在大海中，被淹没的船只和水手不计其数。但如果具备游泳的技能，并且能够适时地调整航向的话，那么那些汹涌的波涛也会为你让路的，驾驶着它扬帆起航吧。寒冷会让你感觉到全身的血液被凝固、被麻木，让你像一滴战战兢兢的露珠一样。但是如果你会滑冰，那么你将拥有冰雪所带给你的一项优美惬意的运动技能。

每年都有很多人死于斑疹伤寒，并且这个人数远远大于在战争中死去的人数。但是，如果用了正确的引流方法很多人就能避免死亡。航海时，如果遇到了败血病灾难，可以先用柠檬汁加上其他的食物进行治疗。当引流术用作疫苗并让人接受疫苗接种后，因霍乱和天花而死亡的人数大大减少了。同样，其他的所有疫病都能通过人类的各种努力而被战胜。

人类以各种不同的方式进行运动，坐马车，乘飞机、火车，或者电动车。他誓用自己的能力让天上的雄鹰成为自己的猎物，让自己凌驾于万物之上。

善用命运

我知道，与命运有关的课题都不受人欢迎，因为没有谁喜欢把自己的命运让面相学家来进行论述，也不会有人相信，他的内心深处早就被撒克逊或凯尔特民族的所有恶行所影响。

一个人要直面他的缺陷并且感谢他的缺陷，但是对于自己的才能要存有敬畏之心。会有大量的力量被明显的优势占去，让他力量不足；但因为有缺陷的存在，自己会获得一些收益。犹太人的标记之中，忍耐是其中之一，因为这样的标记，犹太人如今能成为屹立在世界民族之林中的伟大民族之一。如果把命运当作一座矿山，假设邪恶可以转变为善良，力量是来自于现行，灾难、敌对势力、重负是让人飞翔的力量和方法，那我们就考虑妥协吧。

改善存在于命运中，人类在不断地进化，其所表现出来的慷慨、新的感知，以及收获的称赞与爱，都在证明他已经逃脱了命运的掌控，并走向自由。意识的发展会逐渐从不利于它生长的组织与枷锁中解脱出来。这个解放是趋向于世界的价值观与目标方向的。每次灾难之后都会留下宝贵的经验和启示，人类在不断地努力中，并能看到这样的趋势之所在。

眼镜用来察看光和万物，耳朵用来听各类声音，双脚用来站立，翅膀用于飞翔。造物主在创造每一样东西的时候，都给它设定了它所出现和具备的场所，它们之前存在的是和谐的关系。每个地区都有自己的生物链，每个生物在食物链上面都有着相互调和的关系。我们需要维持这样的平衡，不能使数量和种类发生变化。对于人类而言，这样的和谐关系也同样存在。

每一种生物在大自然中都需要通过自身的劳作而得以生存。不管他是星球，还是一草一木。星球要进行自身的建造，而动物要为自己的窝进行建造。生物被赋予了生命，那么便有了自己的思想，对物质就有了自己的看法。生命与自由之间的关系是相互平衡的，限度为正比。

人与事件之间存在着世界的一切奥秘。人与事件的关系即为相互创造。我们所说的时期或者时代的代表，就是能代表一个时代、有着较高造诣的人，像歌德、黑格尔、梅特涅、亚当斯、卡尔霍恩、基佐、皮尔、科布顿等一切人就成了某个时代的代表。像动物与它的食物，又或者像它与低于它等级的生物之间的关系，也是存在着和谐的，这就如同个人与时代之间的关系是相互促进、相互创造一样。他曾以为命运不是一种自发的力量，因为两者之间的结合是那样的无所边际。每个人所做的事情都显示出了他的所想所思，与他本身是极其相符的。我们的灵魂也就是我们命运的灵魂，哈菲兹这样说过：

到现在我才明白！

我与命运是浑然一体的。

一个人拥有怎样的命运取决于他拥有怎样的性格。人的命运会被自然进行神奇的匹配。就像雄鹰喜欢翱翔蓝天，鸭子喜欢水中嬉戏，海鸥喜欢流连海边，猎人终日沉醉山林，士兵喜欢上杀场，这是同样的道理。

一个人的命运如何就看他的性格如何。一个人身边朋友的多少就是他魅力大小的体现。我们要求希罗多德与普鲁塔克列出命运的佐证，却没有想到我们本身就是最好的证明。每个人都会将天性中所拥有的素质展现出来，这样古老的信念就成为既定的表达。不管我们怎样努力逃避命运，最终都会回到命运的轨道上来。

对于命运、自由以及先知等奥秘与诱惑可以通过一种方法来解密，那就是建立双重意识。一个人在两种意识状态下不断切换，一个是他本身的属性，另一个是公共属性。就像马戏团里的骑手，能够在两匹马之间任意地跳换，或者是同时站在两匹马的背上表演。

请你一定记住这样一条定律，在偌大的自然中，必定有两种元素和谐存在着。上帝在关闭了你的一扇窗之前，一定会为你打开另外一扇神奇的窗户作为补偿。善良可以让人拥有强大的力量，当天神想要驾驭善良的时候，世间万物都会为他所折服，心甘情愿地为他所用。

Part 5

力量（POWER）

任何时刻，追寻力量的意义就是追寻生命的意义，所有丰功伟绩都来源于此。没有任何事物或者条件能够超越健康生命力的强大力量，并且需要精神上与身体上同样保持健康。只有正确地运用积极正面的力量，并且不断地勤奋练习，人生才能获得成功。

追寻力量的意义

到目前为止，人类所具备的力量还无法被全部列明，如果能，那么内容一定会超越《圣经》中的宝典，但是关于人类的力量，又有谁能够作出一个明确的界限呢？

对于力量的追寻便是对于生命意义的追寻，并且无时无刻都是如此。如果一个人能真诚地寻求生命的意义，那么他一定会有丰厚的收获。所以，不管是谁，都要珍惜自己的经历与所有，因为这些都是一笔笔丰厚的财富。如果想要将这笔财富转换成自己的力量，那么就需要不断地去体验、去尝试。生命不息，运动不止。如果能很好地运用这笔财富，那么生命中最大的乐趣将得以重新实现。

成功者们在同一件事情上都会具有相同的认知。他们都是因果论者，在他们看来，任何事物的发展都不是因为侥幸，而是因为自身所具备的定律。他们认为，一件事物就是一条完整的线索，不论在哪个环节都可能存在着导致线索松动的情况。所有伟大的人都有一个同样的特征，那就是他们之间存在着因果关系。换言之，则是他们认为任何一件小事都与生存的原则有着密不可分的关系，如因果循环报应，有所为也会有所报。每个人所作出的任何一次努力都将得到这样的信念的支撑。

深信法则拥有力量的男人是最为英勇的。拿破仑说过，如果你不遵守战争的任何规则，你不知道如何根据敌人的各类计谋制定战略方针的话，你是不可能成为一名伟大的统帅的，也更不可能获得任何伟大的成就。

保持健康生命力

我们必须承认，成功是一种自然存在的体质特征，过去的医生们告诉我们，勇气就像血管里的血液一样，是与生俱来的。只有拥有强健的体魄才能成就一番大业。如果艾力克在 30 岁时离开格陵兰岛，在这个年纪他拥有充足的精力、强健的身体，处于人体机能的鼎盛时期，那么他就会向西继续航行直到纽芬兰。或者我们可以拿比厄恩或索尔芬作为范例，如果他们在鼎盛时期，那么他们可以不费吹灰之力再继续航行 500 海里、1000 海里，甚至更远，即使到达拉布拉多或新英格兰都不是没有可能的。

所以，不管从任何一方面来看，健康都是最重要的。病痛让人缺乏生气，胆小脆弱，无法干成任何一件大事。体弱多病的人需要将他的生命力凝聚起来用以生存。如果一个拥有强健体魄的人想要获得伟大的成就，那么他一定会将自己的精力分出来一部分给他人——给予别人一种关爱与力量。

强劲生命力所带来的好处是任何劳动、任何艺术都无法媲美的。它就像雨水、阳光一样，不费吹灰之力就能为庄稼的生长提供一切能源。并且，这是大棚、玻璃温室或者任何含有化学元素的肥料无法做到的。就像一个人在纽约、君士坦丁堡这样的城市中获得了这样的给予，那么他就不需要再花费过多的交际手腕来积累资本，也不需要通过苦干蛮干来获得他所想要得到的一切，因为这些事物都会不断地向他涌来。所以，神奇之处就在于这个事物本身，只要他拥有了享受这一切的能力，那么接下来的发展都是自然而然发生的。

拥有健康是难能可贵的，它可以抵抗一切灾难、病痛、压力的侵害，因为它同时拥有保护力和创造力。在春天的时候，不管你选择嫁接还是选择移植，不管你是用石灰水刷白树干防虫，还是用钾肥，又或者是修剪树枝，只要你能够保证树木拥有旺盛的生命力就行。一株树木若能适应新的土壤，那么它就能时时刻刻生长，不会害怕任何虫害或灾难，至于有没有照料或者修剪就显得不那么重要了。

力量的体现

人的性格可以分为两种，一种是主动型，一种是被动型。但如果要从更深层来区分的话，就要根据他所具有的气质和思想来区分了：看他是属于积极创造的一类，还是属于消极被动接受的一类。两种类型所关注的内容也有区别，例如积极型的，会留心观察农场上具有生命力的物品，而消极被动型的只会留意那些静止的呆滞物品。

较量无处不在，如发生在孩子进入新学校时，或发生在一个人旅行途中遇到各类陌生人时，或发生在一个俱乐部里面新进了成员时。就像陌生的公牛被赶进了一个陌生的牛栏或牧场里一样，会发生排外的情况，也会发生新入群者进行自我保护的情况。于是，角斗就在它们之间产生了，直到决出了胜者才会罢休。

能力较弱的一方会明白，他们的智慧与经历不适合这样的斗争场面。曾经，他们对自己有着充分的信心，认为自己知识渊博，但是现在才发现自己的力量是那么的弱小，望向对手，都是尖刀利剑，自己完全没有获胜的可能。此时此刻，与一个人智慧的多少并没有太大的关系，这时考验的是一个人的意志、毅力与态度。

我们可以认为成功是内在的。它需要依靠精神上与身体上的健康素质，也需要依靠勇气与工作强度。就像人们在销售一件商品的时候，明知道这个商品有很多个不利于销售的方面，但因为一定要将这件物品销售出去，所以就需要面对与克服各种不利的因素。

一个人之所以被称之为伟大，是由于他能够发起并且主导一些伟大的壮举。以拿破仑来说，他建立了一支六万人的军队，其中有一半多的士兵曾经都是盗贼。按正常情况来说，他们应该身负镣铐，在监狱里面服刑。但是大胆的拿破仑赋予他们神圣的使命，充分利用他们的力量来获得了无数的胜利，这样的壮举是前无古人、后无来者的。

同样，奇迹也会出现于任何一个地方。如米歇尔·安吉洛被强迫去西斯廷的礼拜堂里作画，被带到了技艺高超的艺术家们的身边。置身于这样文雅的环境中，虽然毫无艺术基础，但他仍在梵蒂冈旁的保罗花园里面挖出了红色的、黄色的泥土，不断地用胶和水来调和这些颜色，经过很多次的调和，他终于满意地爬上高梯作画，不分日夜。最终，作品《女巫》、《预言者》成了他的代表作。

为此，有位画家不禁感慨道："如果一个人没有获得成功，那么肯定是因为他把时间都花费在了做梦上。"在艺术领域里，你只有舍得抛弃外界的一切，一点地一点调和颜料，像铁路上的挖地工一样持续不断地工作与研究，你才能够收获最终的成功。

正确运用力量

成功一定伴随着积极正面的力量，就像天平的两边必定是平衡的一样。一个人的人生是不能重新从未出世时开始的，但是我们还有其他替代方法能够让人的活力得以重生。

对于那些繁复的活动，我们应该大胆地叫停，而且把精力都放在一个或者几个重要的活动上。这就像树枝被修剪后，就会根据修剪的方式将营养集中在某些主要的枝干上，而不是让所有的树枝都肆无忌惮地胡乱生长一样。

古语云："强扭的瓜不甜。"人的一生，需要明智地将精力集中在某些重要的事物上，如果毫无目的地分散自己的精力是对自己的人生不负责的。不管你的精力是被优雅或者粗俗的目的所分散，还是被财产以及相关的事物所分散，抑或是被朋友之间的情谊或者社会风俗所分散，又或者是被政治、音乐或聚会联谊所分散，其实都是同等的概念。若是能够帮助我们丢弃一样玩物，放弃那些莫须有的想象，让我们踏踏实实地安定下来努力，这就是有益的。我们必须对自己要做的工作进行选择，接受自己所选择的事物，在接受所选择的一切时放下其他的所有。生命的力量就是通过这些方式不断地凝聚起来的，并从认知提升到行动的阶段。不管一个人的洞察能力有多么强大，只要他把意识提升到行动的阶段，那么他面对收获就没有多遥远了。多少艺术家正是因为没有走出这一步，所以什么也没有得到。对于米开朗基罗或是切利尼这样的名人，他们永远都只有仰望的份儿。坎贝尔曾经在作品中这样说道：“如果一个人能够沉醉于他的工作之中，那么他将得到他应该拥有的成就。因为在他看来，工作并不是转瞬即逝的灵感，是必需品，是推动他前进的原动力。”

不管是政治、战争还是贸易，对于所有的事物，只要人类想获得成功的，都需要集中精力。曾有人问过牛顿是如何发现那些伟大的事物的，牛顿的回复是：“因为我永远在考虑下一步我要做些什么。”哲学家普鲁塔克曾经说过：“伯里克利象征的就是市场与市政的那条大街，在这个城市里，只有在这条街道上才能看到他的身影。他谢绝了所有的交际聚会与宴请。他在执政期里，没有与任何一位朋友共同享用过餐食。”从商贸方面来讲，我们还可以找到另外一个例子。曾有人对罗斯蔡尔德说：“你肯定和我所想的一样，希望您自己的孩子对于金钱与生意不要有过多的热爱。”罗斯蔡尔德却说：“我并不这样认为，我希望我的孩子们都将自己毕生的精力放在经商上。因为想要获得财富，就需要极大的勇气与谨慎。并且，在收获财富之后，要用更多的智慧来守护这些智慧所得。这些才是获得幸福的途径。如果我听取了那些所谓对我有益的建议，也许我就会被自己迅速地毁灭掉。年轻人，要坚持做好一件事情。如果你选择酿酒，那么你就要把精力都投入到酿酒事业中，要相信自己一定会成为世界上最强大的啤酒生产商。不管你是酿酒、品酒还是销售，只要你投入了所有的精力，那么在行业中，你一定会成为佼佼者。”

为什么很多人最后都没有获得成功呢？并不是因为他们缺乏知识、经验与韧劲，而是因为他们在做决定的时候不够迅速。面对一切繁复的事务时，我们必须尽可能地作出一项最好的决定，至少要作出一个决定，不管这个决定是好与坏，都好过没有。条条道路通罗马，当去往我们的目的地有二十条道路可供选择时，当中肯定有一条是最佳的途径。请马上动起来选择其中的一条，一个沉着冷静、能够快速反应的人比得上一堆虽然见多识广但是反应迟缓的人。议院里优秀的演说家对于所有的议会策略不一定要全然熟知，但是需要在当下能够立即作出正确的反应与决定。优秀的法官并不会逐一地对每个辩词做详细的分析判断，而是会去关注最有实质性的内容。优秀的律师也不会对事件的所有方面都投入精力，而是将精力放在最重要、最能够影响辩护结果的内容上。

勤奋地练习

成功还有另外一个秘诀，那就是不停地练习，这是一种习惯，也是一种不变的力量。从物理角度来说，直流电虽然并不快速，但它具有持续的稳定性，所发出的能量可以媲美电火花，是一种更为理想的动能。同样，人类的行为也是这样的，我们可以通过培养良好的习惯来弥补其他地方的不足。我们把力量均等地铺展在足够长的时间上，而不是集中在某一个时刻上。在西点军校，比福德总工程师用铁锤猛烈地重击一门加农炮的炮耳，直到敲烂为止。他又连续不停地速射一门大炮，直到大炮的炮膛炸裂开来。到底是哪一次的敲击造成了炮耳的破裂呢？答案是每一次。又是哪一弹炮弹使得炮膛炸裂呢？答案是每一颗。亨利八世说过："成功没有其他的秘诀，唯有勤奋与不断地练习。" 约翰·肯布尔说，就算是一班蹩脚的乡下专业演员，也比一班业余的演员要强，即使他们非常优秀。巴兹尔·霍也经常对人们说道："就算是正规军中最糟糕的，他们一样也能够打败最出色的志愿军，因为专业的人员具备正规的专业训练以及专业的素质。"

所以，从这里可以得知，对于演说家而言，练习的意义十分重大，在大众面前不断地发表演讲就是最好的练习。没有哪个演说家一生下来就具备强大的演说能力。科布登在历经了长达七年并且在英伦三岛发表了多个演讲之后，才成为一名杰出的辩论家。历经十四年穿越新英格兰的旅行演说之旅的温德尔·菲利普也是因此才不断地让自己的演讲技巧得到极大锻炼的。想要学好德语，就要翻来覆去地去阅读那十几页相同的内容，直到所有的单词都能倒背如流。没有谁能够在第一次读一首歌谣时就直接背诵出来，即便是天才也一样，也要经过十次、二十次的反复阅读才能牢牢记住。德谟克利特说："其实很多人并没有与生俱来的天赋，都是靠着自己的勤奋练习成为有用之人。"不停地练习是有好处的，这就是业务爱好者在与行业专家进行对抗的时候，力量会显得那样微弱的原因。每天苦练钢琴六小时，你就能拥有熟练的指尖技巧；每天苦练画技六小时，你就能够驾驭那些复杂的颜料与画笔。而机械师与职员如果成千上万次地操作，那么就能学会使用工具，通过不停的计算，就能找到计算的技巧和规律。

我曾经做过这样的观察，在文化圈子里，很多德高望重的专家、商家、大学教授等这些一流的人，其实他们的才智只是一般的水平。他们与世人的差异在于，他们将自己的才能运用到了适合的地方，从而让自己的才能得以发挥，成为优秀的人才。

Part 6

礼物（PRESENT）

诗人为自己准备的礼物是诗篇，牧羊人的是羊羔，农夫的是丰收的粮食，矿工的是宝藏，水手的是贝壳、珊瑚等海产，画家的是自己的画作，姑娘送给自己的是一针一线缝制的手绢。

情意的化身

他会在爱我的时候为我准备礼物，
我满心欢喜地收下礼物。
当他与我之间不再存在爱意时，
礼物所代表的情意也已不复存在。

人们说，这个世界欠下了很多债，已经多到了无可估量的地步，濒临破产，不如去公平的法院进行拍卖算了。从某个层面来说，没有谁可以逃脱得了这种破产，但是我觉得这并不能作为在圣诞、新年或者其他任何节日里未准备礼物的理由。虽然欠债是件让人很头疼的事情，但慷慨还是会让人感到愉快的。所以，我想真正的原因是选择礼物上的难题。我想送一份礼物给朋友时，却总是因为不知道要送什么而左思右想，最后错过了送礼物的最佳时机。鲜花和水果能适用于任何情形，鲜花能骄傲地向其他所有实用的物品宣称，只有花朵的美丽是无法替代的。鲜花生来就具有让人愉快的天性，深受人们的喜爱，能与世间所有平淡无奇的东西形成鲜明的对比。即使在贫民窟中，鲜花也像一曲音乐一样。大自然是我们的母亲，但是她并不娇惯我们，也不把我们当作宠物来看待。她遵照着自然的法则对待所有人，不偏不倚。鲜花就像美好与爱的结合。虽然人们经常说不会上当受骗，但谁不喜欢被人追捧呢？这样至少可以表明我们是有分量的人物，有人进行恭维是很正常的事情。同样，鲜花也可以给人带来愉悦，而鲜花所给的这些给了我怎样的暗示呢？同样，水果也非常受欢迎，它们集所有精华，以及所有蕴含的价值和意义于一体。当我行走了一百里路去拜访一个人，他用一盘最新鲜的时令水果来招待我，我会觉得我做的一切都得到了相称的回报。

日常用品最适合当作普通的礼物，如果一个人正好急需某种物品，碰巧他收到了这样的礼物，他会非常高兴。就像如果有人打着赤脚站在你家门口，你首先考虑的肯定不是送他一个画板或者类似的东西。不管在哪里，看到别人不因为吃喝而发愁的时候，我们总会觉得非常开心。因为人的基本需求是最重要也是首要的问题，所以送必需品作为礼物是比较受欢迎的。人与人之间需要相互依赖，当你需要送他人礼物的时候，可以让收礼者来选择他要的东西，即使会存在一些不方便的情况，但还是尽力去满足他的所有需求吧，因为这样会像是一个英雄的行为。但如果他的要求有些过于荒唐，那么就把惩罚他的任务留给他人来完成吧，我不愿意扮演复仇者的角色。我有位朋友曾说过他是怎样为别人挑选礼物的，除了考虑物品本身是否为必需品之外，还会考虑所选择的物品与收礼人的各方面气质是否相符，要让人拿到礼物就能感觉到这就是专门为他准备的一样。可是，我们想表达敬重之意与爱意的礼物总是被粗俗的东西所替代。贵重的戒指与珠宝其实只是用来打发无聊的替代品，算不上是一份礼物。最好的礼物其实是人自身的某些部分，就像某种器官一样不能割舍。所以，诗人为自己准备的礼物是诗篇，牧羊人的是羊羔，农夫的是丰收的粮食，矿工送的是宝藏，水手的是贝壳、珊瑚等海产，画家的是他自己的画作，姑娘送给自己的是一针一线缝制的手绢。这些才是适合收礼人并且确实让人感到开心的物品，因为这样的赠予才代表了最真实的社会面貌，一个人的礼物可以代表他的一生，一个人的财富也同样能够象征着他的美德。但是，当你送给我的是从商店买的金器银饰这样冰冷的物品时，它所代表的仅仅是工匠们的手艺。这样的物品适合赠予国王或者是像国王一样有钱的权贵，它们还代表着一种并不具备真情实感的财富。

我们在社会这样一条艰难的海峡中行驶时必须保证船只的坚固，并没有谁拥有接受礼物的义务，所以你不能擅自赠予他人礼物。一直以来，我们都是自给自足的，不能一直用宽恕的心理去对待赠送礼物的人，因为赠予的人会存在危险。对于礼物，我们只能接受源自于爱的理由而赠予的，因为那和接受我们自己的东西一样，不会被认为别人是出于施舍之意才给我们的。有时候吃的菜、肉也会遭到我们的憎恨，因为我们对它有依赖感，就感觉像被它控制了一样。

当上帝送你一件礼物的时候，你需要留心了，在他手里你其实得到不了什么。

我们需要的是所有，有任何一点缺失都无法使我们满意，除了自然中的一切，例如水、火。当我们得不到任何机会、爱情、尊严和崇拜对象的时候，我们对社会一定是充满了不满的。

能心安理得地接受别人的礼物是尊贵的。我们不应该用喜悦或者遗憾的情绪来表达自己接受礼物时的感受。当我们因一件礼物而感到喜悦或者悲伤的时候，我们可能是在亵渎别人的感情，也可能是对自己的人格进行了贬低。当一个并不了解我真实想法的人送了我一件礼物时，我会感到我的智力受到了侵犯，也会为此而感到遗憾，并且非常厌恶这样的馈赠行为。如果这件礼品是我非常喜欢的，那我会感到更加羞愧，因为馈赠者看透了我，知道我爱的是他送的礼物，而不是他本人。其实，礼物在我与馈赠者之间保持匹配才是合适的。当所有的事物都处于同一个水平，各自都能分清楚属于自己的东西时，你为何还要将属于你的并且我也拥有的东西再次送给我呢？这样难道不是让我对你的信任表示怀疑吗？赠送实用的物品给别人其实就是一种对别人智力的侵犯，受惠者或许并不会因此而感激你。所以，我们可以认为，就礼物而言，美的东西可能更适合用来作为礼物。但如果收礼物的人考虑的不是礼品的价值，而是礼物是从哪里来的，那么受惠者们都会像憎恨雅典的泰门一样。虽然是这样的，但我仍然认为受惠者需要得到同情，而不是去关注泰门的愤怒。不能期望别人对你感恩戴德，这样的行为是可耻的。如果不是这样的，你就不会得到别人麻木不仁的反馈。如果你能够从一个向你施以恩惠的人那里全身而退，那么这是一种无法言喻的幸福。其实受惠于人是一件让人心里背上包袱的事情，所以不能怪欠债的人总是不喜爱你。那些信徒从来不会感激，我崇敬他们，因为他们说："切莫奉承你的施主。"同样，这也是我想对所有绅士表达的警句。

我揣测为什么会出现这些矛盾，大概是因为人和礼物之间不合适吧。一个大度宽容的人，你给不了他什么。即使你为他做了什么，他的大度也会让你觉得是欠了他的人情债一样。如果你帮助了朋友，但是没有帮上特别大的忙，那就等于没有帮什么。所以，就拿我对朋友的善良之心来说，就算我尽最大的努力给他所有好处，那也是微弱的。除此之外，朋友们为彼此做所的一切，不论好坏与否，都是发自内心的。所以当我们为朋友提供了一点点帮助而获得了朋友的谢意时，我们会认为非常不好意思。我们很难给予别人直接的好处，并且让别人很自然地接受。但是一个正直的人可能会经常在不经意间就帮助了别人，所以当别人表示感激的时候，他还会觉得很惊讶。

礼物的守护神

怕只怕冒犯了爱的尊严，礼物的守护神就是爱，我们不能对爱发号施令。不管是面对国王还是花朵，爱都一视同仁。我们总是希望从一些人那里得到精美的纪念品，我们不需要停止这样的期望，因为这是属于我们的特权，不会受到任何法律法规的管束。另外，我不喜欢看到我们被人进行买卖。真正的宽宏慷慨来自于命运，而不是取决于人的意愿。即使你为我提供了房屋与土地，但你不需要我，你也就感觉不到我，所以我觉得自已对于你来说并不重要，也无所谓。也就是说，这看起来似乎有价值，但实际上并没有任何价值。事实上，我曾经试图借助机遇进入别人的生活，但那只是一种聪明的诡计而已。他们对于你的帮助并不会认为是多么大的一件事，就像吃过了苹果之后就没有了一样。如果你们之间存在爱，那么就能感受到彼此的存在，并且愿意永远待在一起！

Part 7

精神法则（SPIRITUALLAW）

在精神世界里，只有保持纯洁健康，才能让生活自由舒适。面对自然的选择，我们不做强求，就按照自然的步调，听从自己内心的指引。世间万物都有自我生存的法则，在不断的经历中，我们会形成自己的风格。风格是否适应社会、是否优雅，都会经受来自公众的检验。

纯洁健康的精神

当我们在不断回忆过去的时候，当思想之光在不断关照我们的时候，我们会知道我们的生活是多么的美好。当我们不断向前的时候，我们身后的各种事物都呈现出让人愉快的模样，就像那天空中的云朵一样，不断变化着。只要在记忆中存在着，那么不管过去的是什么事物，不管好与坏都会显得顺眼。岸边、野草、老房子、傻子，尽管它们现在仍然不被重视，但是它们的身上都代表着一种过去的美，甚至那躺在卧室里的去世者也为屋子平添了一种庄严的气氛。灵魂不会受到伤害，也不知道痛楚。在大脑清醒的情况下，我们要直白地将事实严肃地表达出来。我们得说我们从来没有作出过牺牲。

在这种时候，理智会比平时更为凸显，所以我们身上的任何重要的东西都是不可能被拿走的。损失与痛苦只是极小一部分，对感情来说，整个宇宙并没有受到很大的影响，任何的苦难都不能减去我们的信任。对哀伤来说，也没有人可以做到非常轻松。曾经那些说过自己最有耐心的夸大言谈，还是不要做过多计较吧，因为我们只是在创造，只是在面对有限，而无限还在那里，默默地笑而不语。

如果人一直过的是一种不给自己找任何思想麻烦的自然生活，那么精神生活也一定是保持着纯洁和健康的。谁都不会在思考时遭到侵扰。他可以做他应该做的事情、说应该说的话，即使读书较少，但他的天性绝对不会让他在精神上产生障碍与怀疑。原罪、罪源、宿命等这些神学问题经常会困扰着年轻人。这些问题没有给人和人之间的相处带来过麻烦，也没有阻挡过他人的道路，因为没有谁会挖空心思地去把它们找出来。这些就像存在于灵魂中的各类流行病一样，如果没有得病就不会知道有怎样的病症，就更无法进行针对性的治疗。思想单纯的人更笨，他更不会知道这些所谓的存在，如果他能够清晰地表达出自己的信仰，能清晰地表达出自己内省的自我协调和自由的论调，那么就需要另当别论了。这需要与生俱来的天分，但如果没有这样的能力，那么他有可能会具备一种最为原始的力量与诚实。那些最朴实、最有力量的直觉法则就能满足自我的需要。

在我的脑海中，我从未具体描绘过它所占据的地位。相对于正规的学习、多年的学术教育与专业教育，我在课堂上偷看闲书时所了解到的事实比通过正规学习和各类教育所明白的还要多。其实，这些并不被视为教育的东西反而比所谓的教育要强很多。教育试图与这种自然的吸引力进行斗争，但总是无功而返，因为这种吸引力的存在会让人对属于自己的东西进行挑选。

顺其自然

在我们的干涉下，我们的道德与本性遭到了腐蚀。美德被人们当成了一场斗争，并因为作出了一些成就而表现出不可一世的状态。因此，当一种高尚的天性受到称赞的时候，到处都会围绕着是不是跟诱惑做斗争的一方更容易获胜这样一个问题。但是，这种事实是没有任何价值的存在。性格越容易冲动、越具备主动性的人我们越不喜欢，相反，如果一个人对自己的品德越是考虑得少、了解得少，我们就会越喜欢他。提摩勒翁获得的一系列胜利就是最好的说明，普鲁塔克说它们就像荷马史诗般地流畅肆意。一个灵魂若像玫瑰花一般高贵典雅，他一定会受到人们的喜爱，并且我们还会因此感谢上帝，因为是他让我们相信了这样美好的事物居然是真实存在的。我们绝对不会胡说："科伦普他喜欢嘀嘀咕咕，但并不能够因此说他的一切天生劣根性不存在，他是好人。"

意识是无法战胜与生俱来的天性的。历史中的深刻含义比我们想象的要少很多，深远的计划更多地被归功于恺撒与拿破仑。其实，计划的最大威力更多地并不是体现在他们身上，而是在大自然中。人们总是在被世人所瞩目的时候念叨着"这不是我们的功劳"，按照那个时期的做法，他们的祭坛是为命运之神所建造的。他们之所以成功，是因为他们与思想的步调保持了统一，形成了一条畅通无阻的通道。他们不过是奇迹所呈现出来的表达方式，但是奇迹好像也因此成了他们的功劳。就像电是被电线传导与呈现的，但实际上并不是它们产生的电。他们所考虑的东西都是其他人所没有考虑到的，所以就像一根空管一样，只要他是光且空的就会得到认可。或许其表现出来的只是表面上的意志坚定，但实际上却是一种毁灭方式。莎士比亚能提出关于他自己的理论吗？一个数学天才也没办法把自己的思想传递给他人，如果他把秘密说了出来，那么秘密的价值也就不复存在了，因为他把任何事物都公布在了阳光下，并且形成相关联的一体 。

通过这些观察，我明白了一些道理，我们所创造的远远比我们的生活复杂得多，这个世界应该比现实更加快乐，没有争斗，没有骚乱，没有绝望，没有咬牙切齿；邪恶是一种错误的创造，因此伤害了与生俱来的乐观性；不管在什么时间，我们都拥有过去这样一个优势地位，又或者说我们现在又拥有了一个更加睿智的头脑这样的优势。其实，我们不难发现，我们是被很多自己所制定的法则围困了。

同样的教训也来自于外界的大自然，大自然也不愿意看到我们的焦虑与郁闷。它憎恨人类之间的欺骗与战争，也同样憎恨人类之间的仁慈与教育。当我们从各式各样的集会，正经的、娱乐的场所出来走向大自然表达自己的感慨时，它对我们说：“怎么这么激动呢，我的孩子们?”

自然选择

我们的周围到处都是机械的活动，我们就是要用自己的力量把这些事物拖入自己的生活轨道，从今往后，社会上的一切性能更为让人作呕。爱应该给人带来的是快乐，但是仁慈却没有给我们带来快乐。我们的学校、教会、慈善机构全都给人们戴上了锁铐。我们甘于吃苦，却也没有达到让别人快乐的效果。这些做法的目的虽然很明确，却达不到我们想要的效果，可大自然的一些手段却能做到。为什么所有的品德都不会用多重方式来解决呢？为什么谁都要捐钱？就我们国家现在的情况来看，这是一件有困难的事情，我觉得是一件难以成功的事情。商人有很多的钱，我们没有，所以有钱的出钱，没钱的出力。比如农民可以提供粮食，诗人可以吟诗，妇女可以进行织补，工人可以出力，孩童可以献花。但是把一个全日制学校的沉重负担都丢给整个基督教世界，这未免有些牵强。从小认真学习，长大成为老师是一个定律，但是不能去强迫年轻人一定要登上教堂的席位，并且还要强迫孩子们去花一个小时做他们并不愿意做的事情。

如果我们能把眼光放得长远一些，就会发现事物大体上都是一样的。现在生活中的种种教条信义都在扭曲社会的真理，我们的社会被又大又笨的机器所拖累，这些机器就像罗马人修建的能穿山越岭的高架水渠一样，一旦发现水是从水源所引出时，它们就将遭到代替。它不是那种和平美好的预备部队，而是被予以重任的绝对权威，但如果人们发现谁都能够答得上来那些问题的时候，它就显得没什么存在的特殊性了。

我们还是吸取来自自然的教训吧。自然的工作方式是有季节的、短暂性的，就像果实的成熟、叶子的掉落、水的循环、人和动物的行走一样。所有的体力劳动都是因自然的力量而完成的，一切事物都因地心引力而下落。

宇宙的单纯与机器的单纯是有着天壤之别的。如果看透了道德的天性，那么就能很容易地了解到知识如何得来、性格怎样形成，并且能因此成为学者。自然拥有着单纯的特质，并且公认地难以琢磨，更不要妄想去做任何分析。可根据一个人的希望来判断他拥有智慧的程度，因为我们知道自然的感知力是不曾停止并且不会衰老的。我们只能把自己那僵硬的名声和流动的意识进行比较，如此才能从中感觉到自然是多么的富裕。存在于这个世界上，我们会在不同的情形下被归结为各种不同的类别，可能是博学，可能是虔诚，其实最真实的自己就是个天真的孩子。人们能够清楚地看到皮囊是如何让他的怀疑论盛行起来的。他所表现出来给每个人看的就是，他对于所有事物都可以进行肯定或者否定，都拥有充分的理由。他看起来又老又年轻，聪明也无知。他能够听到你说的关于任何事物的声音，会让你觉得永远的智者除了在斯多葛派的向壁虚构里以外不会存在。虽然我们一直赞颂的是英雄，唾弃的是懦夫与强盗，但我们似乎都没有成为英雄，而且也难以成为英雄。这并不是对比那些身败名裂的人说的，而是与伟大的灵魂作为对比来说的。

内心的指引与号召

对于身边的事情，只要我们稍作思考，就不难发现，很多事情都是被高于我们意志法则的其他法则所控制着的。所以我们的辛苦努力并没有什么必要性，因为不会有什么结果。我们在简单、自主、平缓的行动中才能表现出自己的强大。如果变得神圣，那么就必须心甘情愿地服从。我们忧虑的沉重包袱会被信任与爱这样的坚定信念所解除。世人哪，上帝在看呢。自然的心中有一个灵魂，在每个人的意志之上，我们不能对宇宙施以任何的虐待。

大自然中，宇宙注入了强大的美丽，我们只要听从它的劝告，就会飞黄腾达。当我们在伤害宇宙所创造的事物的时候，要么会放不开手脚，要么就会遭到报应。所有事物发生的过程能够让我们明白什么是信仰，我们只需要服从即可。每个人都有自己的向导，用心去听就能感受到。你如此费尽心机地去选择自己的职业、地位、伙伴、生存方式和娱乐方式，是因为你拥有一种合理的权利，去把任何需要选择和平衡的事物揭开序幕吧。对你来说，每一种现实都拥有合适的位置和相匹配的职责。当置身于力量与智慧的中心时，所有漂流的人都会被激励，在不花费任何精力的情况下就能被推向真理、正义与满足，所以那些反对者就无法接受被你冤枉。这时，你就是世界，你就是正义的标杆，你就是真与美的衡量尺度。因为我们的干涉，现在人们的人文社科学不如预期的那样繁荣昌盛。世界能够预见，而且心中感知的天国会像现在我们身边的很多事物一样，让自己成为有机体。

我所说的不要选择只是一种比喻，是与人们常说的选择进行区别的。选择是分部分来完成的，手、眼、胃都并不能表示一个人完整的选择。我所说的善的选择是指气质的选择。我所说的天堂是指我心中不断追求的东西，也是为了让我的气质或状态更为适合。而我一生都为了自己的才能而工作。当一个通情达理的人选择自己的工作生活时，我们必须表示支持。如果他说他的所作所为都是因为他的行业习惯，但这并不能作为他的行为的理由。这与罪恶有什么关系呢？难道内心的品质没有一种指引和号召吗？

每个人都拥有自己的职业，才能即号召的体现，而有这样的一个方向是不受任何约束的。因为才能的吸引，人会在不自觉的情况下进行这方面的无限制的发挥。就像一艘船在河上航行一样，各方面都会有阻力产生，只有一个方向是畅通无阻的，在这个方向不存在障碍，那么就能一帆风顺地通往大海。这种才能的号召来自于他的集体，或者是一种普遍灵魂的体现方式。他更喜欢做一些别人做不到的，但是对于自己来说很容易而且能做得很好的事情，这样就没有人能够比得上他，并且这样才能表现出自己的真实能力、与别人的不同，从而更加体现他自身的价值。他的才能与他的能力成正比，就像尖塔的高度取决于塔基的宽度一样。谁都会被这样的力量号召去做一些不同于以往的事情，谁都只会听到属于自己的这种号召。如果他有一种专属于他的号召，一种个人的、外在的、仅属于他出类拔萃标志的号召，那么这就是纯粹的盲目，并且还会暴露出他的迟钝，这个人不管在哪里都看不到每个人所拥有的灵魂。

正确的定位

在完成工作的过程中，人一般能够获得肯定，并且也能作出让别人喜欢的行为。也就是说，通过工作，自我得以展示。我们没有放纵公共言论，所以这就是不足之处。在一些地方，不管是演说家，还是其他人，都应该放弃所有的控制和约束，更应该表达出发自内心的真实含义。正常情况下，每个人都会让自己适合于所选择的工作或职业，并且把需要做的事情干得让别人非常羡慕。这时候人就成了自己所制造的机器的一部分了，人的一部分消失了。直到他在表达自己的观点的时候不受任何限制，不被外界所干扰，他才真正找到了自己的职业。在职业中，必须为自己的个性找到一个方向，如此才能向别人表示自己在工作中没有任何失误。如果说劳动是自私而平庸的，那么就需要用自己的思想和性格来让劳动变得大方。不管他知道什么、想什么，又或者说他认为什么值得做、什么不值得做，都要让他自己去交流、去处理，不然人们不会正确全面地了解他，也不会让他获得应有的尊重。如果你没有把自己所做的事情转变为能让你走向成功、走向通途的通道的话，那么你就是做了一件非常愚蠢的事情。

长期以来，我们都喜欢那些别人点头称赞的行为，而没有去思考只要是人能够做的事情，都是可以做到神圣无比的。我们所认为的伟大，是在一些特定的机构、场所中由某些特定的职责或责任形成的。我们没有看到帕格尼尼从小体中所获得的巨大快乐，也没有看到尤里斯坦从单簧口琴上获得的快乐，更没有看到兰西尔从一头猪身上获得的快乐，英雄从他贫贱的住所和周边普通人身上获得的快乐。我之所以说是卑贱或庸俗的社会，是因为他们的诗篇没有完结。但是我相信在不久以后，他就可以让人们对他另眼相看，并且名声大噪。在我们进行判断之前，我们需要吸取一些来自帝王的教训，对于家世或者死亡等各式各样的事情，皇室都会根据自己的经验作出判断，而且一个高贵的心灵若能够一直保持这一点的话，那对他自身来说就是一种升华的体现。

一个人只要做了，就会有所收获。怎样才能抵抗希望或者恐惧呢？力量只能源自于自身。利益并不是坚固无比的，但是善就在天性之中，若有一口气在，它就能得以施展。财产就像夏天树上的叶子一样，风一吹就无影无踪了，让它在每次起风的时候都被扯进风中吧，从而成为生产力的无限象征，短暂而美好。

自成一派

他自己的东西是独有的。一个人的才能，使他和其他人的技能产生了区别。因为某种奇怪的影响，他有了适合自己的东西，然后不接受其他的东西，让他有了看世界的态度。一个人的方法，一个人妥当的安排，一种原则的选项，让他不管走到哪里，都可以找到他想要的，他只要从环绕在周围所有的东西里挑选出来就可以了。他好像就是那个阻挡水的台阶一样，或者就是电磁炉里的石头，很多暗藏在心里的东西他都没办法说出为什么，但还是一直存在着。他觉得这一切都是有价值的，因此他一直都在书中和其他传统形象中寻找恰当的词语去形容，但是没有任何收获。可是它们却可以辨识出他意识的每个组成部分。比如：什么东西引起他的兴趣，他就可以得到它。就像那些敲开我的大门的人，我会欢迎一样。其实，经过我门口的人成千上万，很多人都值得我尊敬，可是我却没有去理会他们，因为我觉得，自己的事情已经足够多了。很多事情以及性格、风格和相貌上的特点，有些时期，如果衡量标准是一般的话，那么你所理解的东西其实都是很肤浅的，赶不上你脑海中浮现的现有内涵。它们是和天赋挂钩的，让它们拥有自己的重量，不要让它们远走，要让文学里面常见的描写和事实重现。你觉得是伟大的东西，那肯定是伟大的，因为灵魂的归宿一定是不会出错的。

很多事情都凌驾于自己的性格与才能之上。一些人能够让自己在任何时间与地点都获得心灵的慰藉，但是，对于那些其他的东西，他却无法动摇。

虽然所有的门都为他打开，但是人们却没有任何方法阻止他拿走那些东西，因为他是一个有权利知道任何东西的人，而人们想要隐瞒什么都是妄想。秘密总是让自己暴露于人前，朋友可以把我们带进一种正确的情绪里，但是，他总是可以去知道那些思想的准确性。政治家们总是善于运用这样的规律。法国大革命出现的种种现象和事件让奥地利心有余悸，可他们仍然一直有交流，所以拿破仑让德纳伯恩先生去访问奥地利。他是贵族，举手投足之间都透露着高贵的气息。拿破仑说，贵族与贵族之间的交流是没有任何嫌隙的，而这样的关系其实是某种组织的构成体。德纳伯恩先生很快就明白了帝国内阁的一切机密。

说一句话，让人们能够理解，其实是世界上最容易的事情了，但是，人们慢慢觉得能够让人们舒服而且让防卫牢固的就是让人们理解他，谁接受了这样的观点，谁就会觉得其实束缚是最坏的。

优雅需要被挖掘

一个隐瞒了观点的老师所教出来的学生就会受到影响。如果把水倒进一个曲折的或者棱角分明的容器里，你说要把水倒出来，其实就等于在说废话——不管在哪里，水都是一样的。即使人们接受了你的观点，也不能证明他们是理解这些方法的。如果我们看到的是一个弧度，那么我们眼里呈现的也只能是一个弧度，但是数学家们是可以看到整个图形的。我们喜欢从看到的去推测那些没有显现的，所以古代的智者不管在任何时代都可以完整地进行交流，那些意图就存在于他的意图里。时间和那些相同的思想就可以吸引相同的人来发现它们。柏拉图的学说是存在秘密的，可是在其他文学家面前，那些秘密就显而易见了。所以亚里士多德在说自己那邪恶的意图时说："它们已经公之于众，它们还藏在黑暗里。"

人们愿意去了解的都是自身感兴趣的东西，不管这些东西是否远在天边。化学家的秘密是可以被木匠知道的，但是木匠不会因此变成化学家——这是个秘密。其实就算是化学家有一座庄园，他应该也只会沉迷在化学里。上帝让我们的思想单一，他让我们的双眼只看得见自己喜欢的东西，就算眼前有那些不被我们喜欢的东西我们也看不见。直到我们心灵成熟了，我们才能看到那些不被我们喜欢的东西，我们不能看见它们的时候就如同在我们梦里一样。

人们眼里最珍贵最美好的都不是属于自然的，而是自己本身。世界上其实不存在任何东西，任何闪光的东西，都来自于这个星光熠熠的灵魂。"大地在她的怀抱里神采奕奕。”并不是他，即大自然自己的。珠穆朗玛峰、尼罗河、撒哈拉沙漠中的所有沙石、土地和天空，所有的清泉鲜花和绿草，其实都是质朴的自然之物。

所有的人都不会因为外界而变得更好。因为就算是工作在罗马艺术馆或者是艺术家画廊里的那些服务生的思想也有其过人之处，也没有发现图书馆的管理员能够博览群书。一个优雅的人的所有优雅的举止其实都是能够被优雅的人发现的，那些粗鄙的人看到的只有粗鄙。所有那些我们尚未发现的美德，其实就是星星，只是它们的光芒还没有照射到我们这里。

遵循生存的法则

一个人创造的东西，只有他自己可以看到。我们清醒时的延续便是我们的梦境。其比例是一定的。如果我们做噩梦，那么白天的罪恶就一定是被夸大的，我们发现自己的顽疾其实就存在于我们的外表上。在高山上，旅行者的影子变成了一个巨人，因此他的手势和行为其实都很可怕。“我的宝贝，”一个老人对那些被暗影吓坏了的孩子说：“你们眼里看到的最坏的，就是你们自己了。”其实，就如同梦境，即使是同样的事情每个人也只看见自己是巨大无比的，可是他不知道看见的是自己。其实，他看见的善意是源自于自己，恶也是如此。脑海里无数的幻影被放大，内心里的感情也是一样的。他就像在东南西北各个方向都种了一棵树一样，或者是那些能组成诗歌的字母一样。为什么这样？他总是留住一个人，然后又依恋他，其实完全都是根据他自己的定义来的，他就是在同伴中寻找自己的影子。所以，最后，他是通过这样的环境里面的任何一个东西来表达自己。

任何人的作品中，除了他自己，我们能够读到和看到的都是些什么呢？我曾经观察过很多人读相同一本书的情形，到最后，每个人对于这本书的理解都不一样。当我们认真阅读完自己手中的书后会明白，我们发现的别人不一定能够发现，别人体会到的我们不一定能够体会。如果有聪明的人想把自己的所得所感所悟都告诉别人，那么他的唯一途径就是，在一个不通英语的国家，把这本书翻译成英语。一本好的书其实就是终身的朋友。如果让卑劣的人和正人君子成为朋友，是不合理的——他们无法相处。每个团体都有自己相处的法则，他不是他们中的任何一部分，尽管他们在同样的地方。

我们是没办法和精神法则对抗的，它掌控着所有的人际关系，并且拥有着他们的性格与爱好。格特鲁德倾心于盖伊，因为她气质高贵，仪态优美，举止得体。和她一起生活是非常美好的，所以倾尽所有也是值得的。可是如果他们互相拥有彼此了，而兴趣爱好却截然不同，那么他们在一起又有什么意义呢？

精神法则的社会价值

一个人不可避免地拥有自己的社会关系，天性以外的东西，我们并不热爱。哪怕是奇异的才能、伟大的功绩，对我们来说都并不那么重要，可是与它们相类似的胜利却是那么吸引人。人们来到了我这里，有的人美丽无比，有的人成就非凡，他们所拥有的魅力和才能都值得赞美，可他们为了这样的时刻而竭尽全力所换来的结局并不那么令人满意。是的，我们没有给予他们大声的赞美，是有些忘恩负义，但在事情过去之后，会有一个与我们心意相通、性格相近的人来到我们身边，我们相处得很是自然亲密，或许这就是为什么血浓于水的缘故，似乎觉得有新的人来完成了交替，让我们觉得轻松自在、相处自然。

生活是罪恶的，当我们按照社会的习俗来着装、来交友、来维持自己的教养和判断的时候，那真是让人觉得愚蠢。在我前行的道路上所碰到的灵魂才能够成为我的朋友，我们之间互不拒绝。但是作为同一片天空下的产物，我所有的经验都在以自己的方式重复着。学者忘记自我，模仿成熟老练之人来换取美人的回眸一笑，并且狂热地追求轻浮的女子，但是因为没有受到过高尚道德情感的教育，所以不知道一个女人的高贵在于庄重、美丽与深奥。爱跟随着伟大。社会中人们的交际需要依靠相互理解而加深，但有的人只靠眼睛来选择朋友，忽视了两人之间的共鸣，这种做法是轻率而愚蠢的，日后必定遭到极大的惩罚。

一个人可以对自己的价值进行评估。“人人有份”这句格言是每个人都可以接受的。你的位置取决于你的态度。没有谁会对这些有意见。这个世界是公平的，每个人对于自己的命运所作出的决定都只能旁观。不管是英雄还是狗熊，都不会进行任何干涉。它会接受一些你对自己的本质所作出的衡量标准。不管你是躲躲藏藏、偷偷摸摸，还是让自己的行为光明正大、荣耀无上。

所有的教导都来自于同一个现实，除了身教，没有其他方法。如果他能够准确地表达出自己的思想，那么他就可以教授他人，但并不是通过言教的方式。他的教是给予，那么他的学就是接受。除非学生能够达到你所处的状态或者等级，否则教学就不存在，而成为一种填鸭式的灌输。不出现对立，就算是运气不佳，碰了冷壁，也不会失去教义，但你的建议可能会导致左耳进、右耳出这种情况。我们看到过这样的事情，公告：七月四日格兰特先生将会进行一次公开演讲，汉德先生将在技工协会做演讲。对此，我们并不会去，因为我们知道这两个人并不会将自己最真实的经历和性格表达出来。如果我们有信心去期待，那么我们就会面对各种阻碍与反对。公开演讲其实是一种大胆的方式，有的强词夺理，有的含含糊糊，有的一种宣传洗脑，但并不是一种交流，也不是沟通的良好方式。

接受公众的检验

主宰精神产物的是一样的女神。我肯定知道，许多事情其实是没有得到证实的。它其实可以证明自己，任何推理和实验都是没有证明意义的，每句话都应该是自己的辩解。

任何作品都会对人产生影响，评测的依据是其思想的深度。如果它叫你去思考，并用伟大的一切让你去提升自己，那么人类一定会影响自身的心灵的。如果你阅读了许多书，都无法为你提供任何启示，那它其实就是毫无意义的。如果你想写出永远有意义的东西，那你就应该去写真诚。如果我的力量没有办法去实现自己的猜测，那么也不会去影响你们的所作所为。不过，还是要接受西德尼的言论："应该了解自己的心，然后再去写作。"为自己写作的人，其实也是在造福大众。只有当自己的好奇心满足的时候，才可以向大众公开自己的言论。如果一个作者所写的东西，都来自于他的耳朵而非他自身，那么他就应该知道，他失去的一定会和他得到的一样多。如果那本什么都没有写的书已经布满了所有的信仰，那么许多人肯定会说："这本书很好，这首诗很妙。"可是它仍然是缺乏燃料的。只有好的东西才会让人获得好处，也只有生命自己才能延续自我。即使我们是要尽力表现的，可我们的最终目的还是要让自己变得更加有价值。所有的名声其实都是没有运气成分的。一个作品的最后论断不应是开始的吵吵闹闹，评判之人应该由不畏惧、不害怕、不担忧的人组成，然后去决定一个人能否功成名就。书本只有对任何时代都有意义才会亘古流传。书本的外表再华丽，都不能让这本书流传得更久，它一定会和其他所有不具意义的东西一样慢慢消亡。许多作家的作品或许只是昙花一现，可是摩西和荷马确实是名垂青古的。能够读懂柏拉图的人不会超过 10 个——或许他都赚不够自己的出版费，但是他的作品却慢慢地流传下来了。可能就是为了那些能够读懂他的人吧。好像是上帝亲手所赐。本特利说："书写的其实是书本身。"书本是否能流传下来，不在于喜欢的人，而在于书本自己的价值，或者他的内容对那些人所表现的内在的重要性决定的。"你的雕像的光辉不由你来费神。"著名的雕塑家说，"公众的目光会让它熠熠生辉。"

同样地，所有的行为其实都是通过感情来衡量的。伟人不知道世界的存在，所有事情都要经过千百年才能得以验证。他做的事情其实都是一定要做的。世界上的事情都是自然都是形势所造就，可是现在，他做的任何一件事情，不管是动手还是吃饭，都已经变成了大事，如果和大局相关，那么我们就习惯地称之为制度。

神圣的决断

下面很多天才的演示，表明了潮流的方向。其实血液就是潮流，每一滴都是生命的。真理总是连带着胜利，所有的东西都是奇观——不单单尘埃和石头如此，过错和欺骗也一样。医生们说疾病和健康的法则其实是一样的。我的哲学也是肯定的，也乐于接受真实的言论，就像阴影和阳光一定会同时存在一样，每个人都要为自己作出断言，这是神圣的。

人总是喜欢表现自己。瞬间改变所有的言行、做事情的态度、心里的目标，其实都是表现。我们的行动一定会表现出所有的性格，静坐、睡觉都体现了一种性格。我觉得我们认真倾听，或者不管对于任何话题都一直保持缄默，那么人们就一定会感到好奇，而好奇一直都被看成是沉默的智慧。其实不是如此，沉默已经是一种答案了。我没有什么秘密要宣布，你的同事其实都知这样是没有用的，但是秘密已经说了。智慧一定会惊呼，聪明也一定会附和。

自然界不允许虚伪大行其道。真理控制着身体的一举一动，脸其实从来都不会说谎。谁的表情最多，那么就永远拥有不被欺骗的本能。当一个人适时地以精神说话的时候，他的眼睛也一定像天空般广阔；如果他内心戚戚，总是说谎，那么他的眼睛也一定是混沌的，因为他们不敢看人。

我听一个律师说过，一个都不害怕内心的人一定是一个不属于自己的人，当事人应当受到陪审团的影响。他如果不相信，那么陪审团就一定不会知道，如果他一直在狡辩，那么他不相信的东西一定不会被别人相信的。其实这就是潜规则，艺术品，不管是任何类型，我们身体的艺术创作也一定是要忠于艺术本身的。如果我们不相信，我们就一定是不充分的，如果我们可以一直不断地重复说着那句话，那么真正的威登堡所表达的也一定是这样的。他描述的东西一定是所有人想方设法希望得到的，但是他们并不主张，可是尽管他们说出很多东西，怒发冲冠，但实际上他们其实一直在含糊其辞。

言行价值的体现

一个人的价值在于他被别人看成是什么样子的人。如果他在乎别人的评价，那么他一定会失去自我。如果总是怀抱着自己的秘密，这样也是没有任何意义的。如果一个人可以做很多事情，而且什么都能比别人做得好，那么他就可以承认这样的事情。上帝在最后的日子终于明白，一个人要抓住每一个机会，努力参加所有的行动。在任何的场合，在所有的活动中间，那些新加入的成员一定要经过所有的洗礼，才能贴上属于自己的标签。好像是他进行了衡量，好像是赐予了他力量、速度和脾气。一个从很远地方到来的学生，开始总是衣着光鲜，而且有很多好玩的东西，似乎很神气，可是一直都在的小朋友心里一定会觉得“其实这一切都是肤浅的，终究会被看透”。一个浪荡王子可以登上世界之巅，他可以在一段时间内跟着所有的人，并且毫无区别，但是他不会理会所有的恶人。自负是可以获得很多东西的，但是自负无法写出一本旷世奇作，既不能改革，也不能进行教育，更不能给世界带来进步。

有多少道德，就会表现出多少；有多少善意，就会显示出多少。恶魔们都害怕高尚情操，因为这样就会永远被指导。任何一个真诚的词汇会被人们记得，高尚一直都存在，但是真诚的心是不会去迎接的。从别人的言行中，就可以看出这个人的价值，他的本质被发光的字母印在脸上、身上和过去。隐瞒是起不了任何作用的，吹嘘也是这样，我们的眼睛可以观察到，如果一个人被罪孽污染了，那么他的良好形象一定会被损害。人们并不知道自己不该信任的理由，但就是不会去相信。他的目光因为罪恶而呆滞，他的脸上也因此被刻上卑劣的皱纹。他的后脑勺上总是被烙上兽性，而前额也会被傻气填满。

纸终究是包不住火的。一个人可以在任何地方做傻事，但是他在的任何地方的任何东西都会知道，他离开了群体，但是他隐藏的方式一直都是愚蠢的，卑鄙、自私、缺乏知识，所有的一切都是没有秘密的。难道一个厨师，一个居士，一个伊亚士默，就一定会被认错？或者会说原来他不一样了？

另外，英雄其实不怕这一点，如果没有一次正义和勇敢能够属于他，他也会被埋没的，也没人会喜爱他。人们知道这样的行动，他也如此，他让人保证会获得和平的甜美和高贵，这些最终能够证明宣言比讲述的事情是好得多的。品德在不断地移动中越发坚持事物本质，而本质也让品德越发地被人接受。品德其实就是不断地肯定，去掉模糊，上帝其实也会在很得体的情况下说“我是”。

真理的实现形式

这样的观点能说的就是“对”而并非“好像”。我们默认吧，我们应该把一切得意忘形的东西从神圣的道路上赶走。我们应该有自己的处世格言。我们应该去听从真主，因为只有我们懂得了真理，才会知道其中的伟大。

当你走亲访友时，对于那些疏漏之处没必要去道歉，也没必要在贬低自己的同时又去浪费别人的时间。我们应该走访他们，让他们知道什么是宽容。你也没有必要因为自己没有帮助过他们而感到懊恼。我从来没有送过礼物、没有问候过，就送上一个祝福作为礼物吧。我们应该发出真实的光，庸人只能看到钱，他们频频点头，不断地找理由为自己辩解，因为缺少内涵，他们只是浮于表面。

我对这样的感觉深信不疑。我们说人不活跃，是因为他们不是总理、商人或搬运工。我们喜欢的一种制度的建立其实是基于我们所拥有的思想，而我们真实思想出现的时刻往往是寂静的时刻。我们生活里有价值的时间其实并不是花费在选择工作、结婚、入职等看得见的事实上的时间，而是出现在我们散步时静静思考的时候，出现在我们修正生活方式、追求更好的一种思想中。我们一辈子都要服务于这样一种思想，并且根据思想程度的高低来贯彻意志。这样的修正是永不消失的力量，作为一个指向标，它总是出现在我们的身上。人的目的，很多时候的目标，就是让阳光穿透这种修正，让我们发现这种修正的规律。这样，无论你的眼睛是看向哪个方面的修正，它都要如实地向你汇报自己的“性格”，不管这一点是饮食、住宅、活动、朋友、欢乐、选择或反抗。修正并不是单一的，它是复杂的，所以阳光无法穿透它的身体，它没有留下让光穿过的孔洞。我们的眼睛可能感到迷惑，这是因为修正的倾向往往是不统一的，生活也是不统一的。

我们应该利用我们的虚伪的谦虚故意使生活轻视我们的人格和存在形式，这是因为好人应该是满足的，我爱戴的人不一定是我要成为的人。就算你说，他是在行动的，你却一动不动。对于这样的话，我感到非常地惶恐，我认为必需的行动其实是最好的。如果我崇拜的人是我想成为的那种人，那么我们的命运一定是连在一起的，我们就可以轻松自然地坐在一起。天堂是没有界限的，所有的爱都可以找到自己的空间。我们为什么要把所有的事情都揽在自己身上呢？其实，很多都是失实的，有些木头可以用来做风向标，有些可以做枕木或者桥梁，每个人都有自己的作用。

善意与尊重

我不会玷污灵魂。我的出现就证明了我其实是需要这里的一些东西的。难道我就不应该占有一席之地吗？我不应该去道歉的，然后做作，闪躲，觉得自己在这里很好。难道比原来的那些人更加不合适吗？我不知道自己需要什么？本来所有的事情都是不能被推测的，但事实上我满意了，善良的灵魂滋润了我。其实我每天都在打开仓库获得新的快乐。其实我知道，我一定会接受所有的善意，因为它已经在光顾别人了。

而且，我们为什么要被一些外在的东西吓住呢？外在其实是有阴谋的，仅此而已。我们生活中的每一个原型都是有理想的。灵魂匮乏，觉得自己任何东西都不是，他有了外在的标签——教徒的饮食，或者是高贵的衣服，或者是浓重的祈祷仪式，或者是慈善组织，或者是伟大的馈赠，或者是官位很高。不管如何，那些放肆或者鲜明的对比，其实都是为了证明，心灵满足地躺在阳光里，其实他就是大自然。思想总是在路上。

如果我们的行动是伟大的，那么我们自己就要开始伟大起来。所有的行动都是有灵性的，一直要到他让太阳、月亮变得暗淡时，他才觉得自己的天空总是有很多空气。让我们带着真心去寻找和谐吧，我们应该注重自己的职责。我在说明自己的一切之前，是没有必要去浏览那些名胜古迹的。事实上，我还有很多的话要说，其实那场著名的战役就是在反对我们的愚钝。如果我总是盯着我的邻居看，那么就等于放弃了自己的工作，和偷窥无异。有句名言是这样的："他无话可说，所以就发誓。"就像我们是学生的时候一样，"他不知道做什么，于是只有努力读书"。我无法用别的事情消磨时光，所以我就找出那些名著。我们应该和他们一样注重时间。我的事实，我的关系，这样说来和他是一样的。重要的是我们要做好自己的工作，至于其他的人，我们就算是没有办法接受他的生活方式，也应该尊重他们，因为这真的是最好的选择。

一切皆有定理

保罗和伯里克利有着过高的评价，而我们对自己的评价其实有点太低。这样的性质是相同的。拿破仑的作为是一种功劳，他奖励所有人的方式都是一样的。对于不一样的人群总是借鉴不一样的名义，但是都能让所有的人信服。实际上他并不尊重这些人，但是他可以征服这些人。那些剧作者不是扮演者而是他本身。同样的思维，同样的感情，同样的智慧，同样的伟大，同样的自信，同样无所畏惧的心，就可以让世界上所有的一切都变得坚固无比。人们是应该相信上帝的，而不仅仅是外在的东西，灵魂的搭载可以让他变成一个贫穷、忧伤，孤独的女人。虽然她做着下人做的事情，可她总是散发着不一样的光芒，所以她做的一切似乎马上成了最高贵的动作，让人们都很向往，人们也因此可以得到她清扫的工具。而到了最后人们都会惊呼：哇！原来所有的一切都是设定好的，她以不一样的方式出现，让所有的东西都得到了升华，变成了一切的首脑。

我们计算着光，我们计算着所有的东西，累积许许多多的情感，也只有通过这些假象，我们才可以看到真正的火。

Part 8
爱情（LOVE）

美与爱是共存的，因为美好，因为爱情，这个世界变得丰富，像鸟儿悦耳的低吟浅唱，像天空的广阔静谧，又像那花儿盛开时的美丽动人。爱情是一种有别于物质的精神享受，是一种灵魂的升华，它可以被依赖，却无法被替代。

灵魂的诺言

灵魂的诺言都是可以实现的，他总是可以让快乐变得简单。人们那种不可抑制的天性，内心的蠢蠢欲动，流淌向前的个性，在早春温暖的清晨已经被孕育了。他让人们感受到了美好。人和人之间那些亲密的关系让我们感受到了美好。这样的关系，成为生命里最让人迷恋的地方，他带着宗教的狂热和神圣的感受，让人们紧紧相依。他的身体有种无穷的力量，让世界风雨轮回，让人类变得团结，集合成部落与家庭，然后重新回到自然，变成健全和思维敏捷的人。他非常勇敢，品质崇高，让人类繁衍生息永不消失。

浓情蜜意和血性是一定会同行的，他一直在告诫人们，能把这一切变得美好的人一定是少年。在这绚烂的过程中，男孩和女孩必须坦诚面对自己的悸动。青春美丽，一定会让我们变得迅速而睿智，陈词滥调一定会让容颜衰老。我知道，那些“爱情小组和社团”的成员一定会责怪我，所以，我不理会这些吹毛求疵的人。我会和年长者讨论，我觉得，这样的激情虽然是肇事者，但是不会拖累别人。或者说，他不会浇灭任何一个人的激情。他们其实像妙龄少女一般风姿绰约，只不过方式不一样，境界也非常高贵。而爱情其实是火苗，它让内心深处的灰烬复燃，又点燃心里的火花，就像燎原的星火一样，燃烧开来，可以让人们感到温暖和光明。所以，当我们去描述青少年，或者迟暮之人时，已显得很淡薄。对于激情的描述过于注重，就会忽略它的后期，如果重视后期，就会对开始的本质没有任何说辞。我们总是耐心地期待和等待缪斯的帮助，但我们一定能寻找到内心期待的法则，也一定可以让青春永远相随，永远不灭的真理是一定可以让人们开心无比的。

重要的是，我们可以放开真实，放开那些被希望覆盖的情感，而不是历史的情感。这样一来，我们都会审视自己的生活，总是觉得和世界不一样了，变得破碎不堪。和人们想法不一样的是，回首过去，每个人都可以看到很多缺点。对于别人的缺点他可以觉得是美好的。每个人拥有过的情感其实都是高贵而无法言喻的，那里面有最真诚和最欢乐的启迪与抚慰。如果要他去回忆，他就会退缩。其实我也不知道，为什么人在迟暮之年总是会留下许许多多的遗憾，而让原本快乐的青春时光变得支离破碎，总是有许多可爱的名字被埋没，但是我们怀念过去时总是带有许多酸涩，其中的伤感我们只有慢慢体会。我们的生活其实就是在时间与空间中痛苦或者快乐，周围的一切都是忧伤、颓废和难过。他总不会失去理智，总不会丢失理想，总不会让玫瑰消失。所有的快乐都是他身旁的一切，那些名字，那些人，过去、现在和未来，总有忧愁相伴。

私人关系

私人关系，让我们的社交话题变得多样化。人的天性有种非常强烈的爱好，就是很喜欢去关注他人的花边新闻。图书馆里流行的都是清新纯美的爱情小说，其中的美好与灿烂让我沉醉、让我开心。

这里有一个奇怪的事实：许多人在重温自己的人生经历时，似乎都会觉得，在自己的生活中，最美好的一页莫过于对一段情爱的甜蜜回忆了。在那里，一些偶然的、琐碎的事件被爱情赋予了一种神奇的魅力，这种魅力竟然超过爱情本身所具有的深刻吸引力。在回首往事的时候，他们可能发现，几件原本并不具有魅力的事情，对于记忆来说，却比将这些事情铭记于心的魔力本身更为真切。然而，不论我们的具体经历是什么，谁也无法忘怀那种力量对于我们心灵的冲击。它的光临使万象更新，它是一个人身上的音乐、诗歌与艺术的黎明，它使大自然容光焕发，使晨昏变幻，呈现出无穷魅力。那时候，一点响动便会令他的心狂跳不止，与一个身影相关的最琐碎的小事也会成为深深嵌入记忆中的琥珀。当那个人出现的时候，他会目不转睛；当那个人离去的时候，他会魂牵梦萦。那时候，少年终日守候在窗前深情凝望，哪怕只是见到一只手套、一具面纱、一根缎带，或者是一辆马车的轮子，也会令他心驰神往。那时候，对于他来说，没有一个地方是过于偏僻的，没有一个地方是过于寂寞的，因为，他的生活里有了更为丰富的交往、更加甜蜜的谈话，而这是任何一位老朋友也无法给予他的，尽管他们都是最好的、最纯洁的人。因为，这个他所钟情的对象的外形、言谈、举止，都不似别的昙花一现的形象，而是像普鲁塔克所说的那样，是“用火烧了瓷釉”的形象，是他寤寐思之的对象。

有人对我说，我的许多演讲都过于理智，这让人们之间的关系趋于冷漠。现在，每当我想起那些毁谤，我都没办法接受。世界其实是爱的世界，年轻的心里是没有依靠的，直到遇见爱。

激情

激情为青年把世界重建，它使万物生机盎然，意味隽永，连大自然也具有了意识。现在，枝头上的每只鸟儿都在对着他的心灵欢唱，一个个音符清晰入耳。他抬头望向天空，看到云彩也绽放出了张张笑脸。林中的树木、摇曳的青草、羞怯的花朵，仿佛都具有了灵性，都在诱惑着他说出心底的秘密，于是他被弄得不免心生怯意。然而，大自然总是善于抚慰、富于同情的。在这片绿色的幽静之处，他找到了一个比与人相伴更为可爱的家园。那令他对大自然萌发了激情，也使他爱上了音乐与诗歌。有一个司空见惯的事实：人们在爱的激情的感召之下创作出了许多优美的诗歌，这是在任何其他条件之下都无法做到的。爱可以使人们的天性充满力量，爱可以让情感延伸扩展，爱可以让粗俗的人变得文雅、让胆小的人变得勇敢。为了得到所爱的人，哪怕是一个可怜和卑贱的人，也会拥有征服世界的勇气与雄心。虽然爱已将他交付给了另一个人，但更多地是将他交付给了他自己。现在，他已经是一个全新的人了，具有了新的感受以及新的更为急切的意图，他的性格与目标也有了一种虔诚和庄严。我们赞颂美对于人的启示，我们如同欢迎阳光一样地迎接着它的到来，它使每一个拥有它的人变得愉悦和丰足。一位姑娘会让她的情郎了解到，为什么美会被描绘成她的优雅的步态。她的存在令世界丰富起来，虽然她让他心无旁骛，让他的视线里不再有其他的人和物，但是她又通过自己发出了补偿。这样一来，站在他面前的这位少女便成了一切美德的代表。

你离去了，但还在这。

你在哪？

你总是看着他。

你多愁的眼睛，柔软的心。

当到了人生的后半段而回首往事时，内心总是不能平静，那时我们总觉得幸福是很少的，而痛苦和恐惧总是围绕在身边。那些了解了爱情的人，总是会这样描写爱情：

他的痛苦超越了一切的快乐。

那个时候，白昼是短暂的，黑夜总是要用来消磨。那个时候，脑海里总是盘算着各式各样的计谋，内心整晚不安。那个时候，月光也是多愁的，满天星斗是我的文字，鲜花是我的暗号，微风奏出的歌曲是美妙的。那个时候，所有的事情都是空灵而迷蒙的，街上的所有人，似乎都成了图画，青年人让这个世界焕然一新了。它让所有的生物都生机盎然、意味隽永，大自然也越发活泼了。现在，鸟儿的叫声就是歌声，就是音符；他觉得头上的白云都是笑脸绽放的，树林里的绿叶，摇曳的青草、害羞的花儿，其实都是可爱的生灵，引诱着他，让他觉得内心深处有许多非凡的秘密。他非常害怕，脸庞灼热。大自然总是能够安抚别人的，而且很有同情心。在这安静的地方，他发现了这样的世外桃源。

清泉悠悠，人迹罕至，

爱情的境况总是波澜不惊，

小路，月光满布，

鸟声，早已消失得毫无痕迹。

唯有夜行的鸟儿和午夜钟楼，

惊扰黑夜。

——或许这才是他要追求的声音。

看吧，在森林里疯子也很优雅。他的声音甜美，而且还拥有华美的外表，所以他开始自我膨胀。他总是一副高高在上的样子，随口说着自己想说的话，他觉得自己的血液都是香气满溢，他觉得自己的眼睛就是珍贵的红宝石。

那些让他变得优雅的人很是热情，让他觉得诗歌和音乐也非常热情。人们总是在激情的时候留下许许多多的歌词歌赋，但是在其他的情况下是不会发生的，这样的事情其实已经非常多了。

相同的事情，让他的气质改变了。他的情感非常丰富，这可以让粗鲁变得优雅，让怯懦变得勇敢。得到心爱人的支持，那些可怜、卑微的人似乎也可以拥有舍我其谁的霸气。尽管他不属于自己，但让人感受到厚实的目标，有了宗教的目标和性格。他不是任何人的附属品。他知道自己的分量，他变成了人，成了精灵。

在这里，我们就应该让这样的天性得到审视，他影响了那个时代。此时，他就像普照世界的太阳，我们为美而高歌、赞叹。美让所有的人开心，让很多人都感到满足，所以美本身应该也是对自己感到非常满意的。在情人的脑海里，那个可爱的姑娘一定不会是可怜并且孤傲的，好比那繁茂的绿叶，它喜欢身边所有含苞待放的花朵，认为它们芳香可爱。那姑娘让小伙子变得目不转睛，让他知道美和爱一直都是在一起的，他存在的世界也变得丰富起来。他踢开一切的劣质和粗鄙，自己变成巨人作为补偿，所以这个姑娘就成了他眼里美好的事物。也正是因为这样，他感觉到她和以往的人都是不一样的。尽管别人在她身上看到了很多不一样的影子，而他眼里的她，似乎就是彩霞，似乎就是明月。

古人的美是“德信花朵”。但是谁都不能从人们的外在分析出其内在的魅力之所在。我们看到了似水的柔情和万丈豪情，却没有办法分清爱情和难以捉摸的对错，也不知道我们要被引向何方，如果它是一个有机体，那么想象就可以摧毁它。它不是人们认识的任何一种感情，我觉得，它是一个人们难以到达的世界，它是无法言说的一种甜蜜，就像花朵暗示的那些，是一种我们无法触及的美。它似乎就是白鸽脖子上的光环，飘忽不定，瞬间就会消失。这样美妙的东西，总是在最精彩的故事里，好像彩虹，谁也不要贪心地想据为已有或想要利用它。一个人曾经对音乐说：你快走，因为你说的我这辈子都无法获得。他的意思已经很明显了，在任何的艺术品里面，都可以看到。一座雕像，我们开始不理解它，但最后我们爱上了它。所以一定要突破一种规定的尺寸限制，能够自由地在思维的空间里奔跑，这样才可以体会到美的本质。雕塑家手里的东西可以体现一切的美丽和善意。诗歌也是一样，它不同于其他的东西是因为可以让人们勇敢地去追求和创造，而因为如此，人们说它似乎带有了更加浓烈的纯粹感。

人体的美是一样的，只有在它总是感觉不到满足的时候，或者是变成了一个没有任何结局的故事的时候，则预示着所有的一切都不是尘世中的。在它觉得自己异常渺小的时候，观赏者是没办法占有它的。其实它就好似落日的余晖一般，拥有无穷的魅力，具有真正的美。

所以，有这样的说法："我爱你，与你无关。"这样说的原因，其实是因为我觉得我的感情并非存在于你的意志，而是之外。它并非你，而是你的阳光。在你身上，你却看不到，而且永远不会感觉到。

这样的思想，和古代作家们说的是非常相符的。他们觉得，尽管灵魂存在于这个世界，但总是关系着前世来生，因为他不管是从哪里来的，最后必定会到那儿去。但是，灵魂在阳光下是会变得愚钝的，除非现在什么事物都无法看到。现在的事物其实都是真实的影子而已，所以灵魂总是带着青春的余晖，接住躯壳，去追寻天堂里的真善美。所以，男人对于女人散发的魅力是无法抵挡的。他会凝视她的形体、动作、想法。这个时候，他才能发现最大的快乐和幸福，因为她让美的事物都出现在了他的眼前，让美得到传达。

灵魂与物质

但是，如果灵魂牵扯到了物质，就一定会是庸俗、粗鄙的。人们把自己寄托于肉体，但是肉体却又无法实现承诺，所以，灵魂只能得到悲哀。灵魂是相信幻象的，美好是有要求的，如果做到，灵魂就可以凌驾于肉体之上，能看到人格的表象。恋人的动作都是被关照的，总是会走入美的地方，燃烧起巨大的火焰，这样的火焰可以烧毁所有的卑劣，如同太阳一样，灼烧所有，让一切都变得纯洁。热恋的人们通过那些本身就高贵的事物进行交流，他能够爱屋及乌，所以美丽就是门，他走过这扇门，就可以进入一个真实的社会。这样，他就可以让纯洁的美、世俗的观点都得以清晰地显现并且被一一指出。到时候，他们就不会责怪，说不定还可以克服同样的缺点，相互支持，相互安慰，并因此感到满意。那么多的灵魂看到了神圣的东西被玷污，恋人们总是会沿着高梯居高临下地俯瞰美，进入至高无上的殿堂。

每个时代的聪明人，都可以从相同的方向叙述爱情，这样的理论是现存的。如果许多伟人都说过，那么那些文人也一定赞同。那些隐藏的言语会支持婚姻的，但是另一方面他们却搜寻着批漏，所以最严格的言辞，其实都被炊烟味所覆盖。审慎存在于批判和责怪中，爱总是会怀着真情。如果这样的享乐之意洒满了青年者的心中，人性中的希望和情感就会慢慢消失。如果宣扬家庭生活都是靠着妇女维系，那么这样的后果一定是不堪设想的。

爱所包含的东西虽然美丽，可是也单纯的像是一幕戏剧而已。灵魂总是会散发光芒的，涟漪也会逐渐清晰，就像星辰的光亮、投石入水的涟漪。灵魂的光辉，其实最开始是映射在物体上的，每件玩具都有自己的用处，可以让所有的事情都变得清晰。这是一种高级的、本质的规律，所有的事情都在不断地重新排列组合，慢慢地，所有原本的羁绊都开始失去力量了。慢慢地，因果关系、联想的法则、对和谐的渴望和追求真理的本能，会一直促使我们，一定不会再从这样好的关系中，撤回到低俗的关系中了。这样一来，如果是神圣的爱，也一定会慢慢地变得真诚，一步一步地指引我们，让我们的关系愈来愈高贵。这样一来，就算是神圣的，也会有一天变得不人性。开始的时候，一点也不会觉得这样的感觉是有痕迹的。相隔一面墙，男人和女人总是会眼波流离，眼里总是有很多诱惑，很多已经结成了果实的新鲜刺激。这时候他们是不会去思考的，从暗送秋波开始，然后就会互献殷勤，接着就会热情似火，最后海誓山盟直到白头偕老。激情让所有的一切都变成了整体，激情让情人把对方容纳为整体，把肉体当成灵魂显现，把灵魂则完全赋予灵魂。

她无邪但易变，

就浮现在脸上，装点美丽。

让人们几乎觉得身体也是聪明的。

罗密欧死了，他就会变成月亮，照亮夜空。恋人告诉世人，人生就应该像罗密欧和朱丽叶一般，这样才是完美的。晚上、白天、知识、才华、国家、教会其实都存在于这个满是灵魂的身体里。恋人们总是卿卿我我，喜欢花前月下，但是当一个人的时候，他们总是在回忆着对方，并且在他们的笑容里沉醉。此刻他们是一样的，同时看着月亮，同时看着一片云彩，阅读相同的书本，拥有相同的感受。他们总是触摸着自己的爱情，对于各种利益、友谊、机遇、钱财加以衡量，然后发现，其实都是永恒的。为了将要到来的新生命，他们总是付出自己的全部，但是他们身上肩负着的是人类的命运。危机、痛苦和伤痛总是纷至沓来。爱起到的作用是使亲密的伴侣和“无尽的力量”缔结，这样就有了姻亲。他们总是给大自然注入许多新的活力，让整个关系都越发地珍贵了，让灵魂出现在新的环境里，而这其实都是暂时的状态。花朵、珍珠、诗词、智慧，或者是另外心里的家园，也不一定可以满足那个不断渴求的灵魂。它一定会从睡眠里醒过来，摒弃甜言蜜语，就如同破旧的东西，然后穿上盔甲，产生更远大的目标。那些在身体里的灵魂，总是渴望得到最新潮的东西，让人们在行动中看到低俗和缺陷。惊诧、对抗和疲累也出现了，但是它们总是可以发现对方身上的闪光点。其实不管这些闪光点是否真的很珍贵，但是确实吸引了彼此。只有这样，那些受了伤的心灵才可以得到弥补。这样，生命不断地向前证明了这其实只是一种游戏，它不过是一枚棋子，不断地实现了彼此的本质。所有的东西，不管是知道还是不知道的，总是会被围绕在男人和女人这样的有机体中。

我们的身体被爱衔接着，

像罂粟一般让人无法摆脱。

所有的一切都在变化着，身体的天使透过内心被展现出来，恶魔同时也会出现。各种美德让它们杂糅在了一起，有了美德，邪恶就无处藏身了，它们会仓皇逃脱。恋人们曾经热烈的感情，被时间浓缩在了人的心里，激情慢慢退去，曾经心里不断涌现的激情，创造了我们幻想的快乐和自由。不管它们是否存在，它们终究是会被发现的，尽管最初吸引彼此的东西或者是外貌或者是灵魂——其实都是锻造的，但是有一种早就定好的目标。理智和心灵一年比一年成熟，事实上这就是真正的婚姻。其实他们从最开始就已经准备好了，总是很有远见，他们没办法意识到，这些目标，男人和女人，总是会结合得很好，他们藏在婚姻的房子里度过了无数个春夏秋冬。对于这样的目标，我其实知道为什么寓言就一定会知道是这个时期。我不知道为什么从年幼时心里就开始想到了这一刻的到来。其实我也知道洞房被装点成这样的原因。因为这是新婚时的欢喜，也是人的天性和智慧使然。

我们这样接受训练，就可以不分性别，没有偏私，只有到处寻求的爱。

爱情的能力

我们天生具有观察的能力，所以也具有学习的能力，这是永恒无法变更的。但是，我们经常无奈地觉得我们的爱情就像是留宿过一晚的帐篷一样。爱情的对象会变化，虽然这样的过程痛苦而缓慢，但是思想也是随之而变化的。有时候爱情的统治会吸引着一个人把他的幸福托付给一个人或者几个人。但是，人们却又很快地看到内心中所产生的希望，那圆拱形就像是银河下的明灯一样闪亮生辉。我们心头那热烈的爱情与恐惧就会像乌云袭来般地失去它所有的特性，形成上帝的化身，不断地自我完善。我们不需要担心因为灵魂的升华而有所失去，灵魂是可以被依赖的。和谐美丽异常，而异常迷人的东西只会被更美丽更迷人的关系所更换替代，这是不会停止的，直到永恒。即使最初是因为那曾经神圣的形貌、那充满魅力的魔法而产生的吸引走到一起的，也都是短暂而且虚幻的，但具有预期的目标，就像修建房屋的时候必须用脚手架一样。智力与心灵日复一日地在净化着，真正的婚姻从一开始就是有备而来的，离不开远见，并且超出所有人的意料。在这样的目标下，异性双方才会天赋异禀般地融合，建立婚姻关系，并且在同一屋檐下度过接下来的春夏秋冬。在这样的目标下，我不会因此而感觉从年幼时期这一时刻就被语言不断地强调着，我也并不奇怪为什么要用华丽的美来装点洞房，因为天性、智慧与艺术之间相互融合在了新婚的贺词与旋律中。

Part 9

友谊（FRIENDSHIP）

友谊是一杯甜美的酒，永远醇香四溢。友谊需要真心付出，需要无私奉献。对待朋友，要真挚诚实，要有宽广的胸怀。

迷人的情谊

好男儿的血液鲜红
比浩瀚的波澜还汹涌
世人行色匆匆，从无定数
只有爱是毫不动摇的
我想早已找不到他的踪迹
数年后，却
像东升的朝阳
灿烂依旧
我束缚的心，轻松自在
啊，我的朋友，我呢喃自语
只有你在，天才是空庐

只有你在，玫瑰才灿烂
只有你在，万物形体才高尚
只有你在，所有的眼睛才能看到远方
我们命运的齿轮循着你的价值
才会沿着太阳旋转
你的尊贵让我学会
如何驱赶绝望
我神秘的泉水
通过友谊的双桨，荡起水花。

我们的爱总是非常丰盛，尽管大多数人都是自私的，让整个世界寒冷无比，但是，人类还是能沐浴在爱的阳光下，就像干净的温室。在走廊上，许多人和我们擦肩而过，彼此互不相熟。也很少去交流，但都是互相尊重的。在街上，我们会遇到很多人，在教室里，我们和很多人并排而坐，虽然不曾交流，但是很和谐。温柔的眼光，已经比万千的言语更加感人，令我们的心紧贴在一起。

这样的人间情谊非常迷人，我们感到非常地开心。在诗词歌赋中，在日常对话中，人们能够感受到他人的慈爱和关怀，就像暖流一样。这微妙的心灵总是燃烧着热烈的火焰，能够让人非常开心、舒爽畅快。从纯洁无私的爱情到与人为善的交流，这些情感让生活变得甜美和充实。

友谊的元素

组成友谊的元素有两种，二者都至高无上，令我难分孰优孰劣，列举时也难以区分谁先谁后。一种元素便是“真挚”。朋友就是一个我可以与之推心置腹的人，在他面前，我可以袒露自己内心最为真实的想法。我终于来到了一个如此真诚而又如此平等的人面前，以至于我竟然可以卸下那些虚伪、礼貌、瞻前顾后、深思熟虑的伪装，而这些正是人们从未摘下过的面具。而且，我可以用两个化学原子相遇时的那种简单与完整的方式来同他打交道。真挚犹如王冠和权威，是最高阶层的人才获准享受的奢华，只有那种人才能获得说真话的许可，除此以外再无其他可祈求与恪守的了。每个人独自一人的时候都是真挚的，然而，一旦有第二个人加入进来，虚伪就开始出现了。我们用恭维、闲话、逗乐以及打情骂俏来躲避和抵制我们同类的到来。在他面前，我们会将自己的思想层层叠叠地掩盖起来。我认识这样一个人：出于某种宗教的狂热，他卸掉了这些虚饰，省去了所有的恭维和客套，对他所遇见的每一个人都坦诚相待。一开始，他遭遇到了抵制，被大家讥讽为疯子，可是他仍然坚持这样做，久而久之，他便尝到了甜头。他引导着自己所认识的每一个人都与他建立起了一种真正的关系，谁也不想与他说假话，或者用肤浅的闲聊将他搪塞过去。他的真挚，迫使每一个人都做出了类似的坦白直率的举动。

没有什么可以匹配奔放的情感，它让我重新塑造了一个新的世界，没有什么东西能够堪比两个人的思想和情感碰撞出的那些火花。当才华横溢且心地善良的两颗心越来越近的时候，这一切美不胜收。我沉浸在这个感情的时刻，天地都焕然一新，冬天消失了，黑夜也消失了，所有的鄙薄和悲伤，就连责任，都不见了踪影，除了爱的人的影子，光芒四射，填满了所有的痕迹外，灵魂已经确认了在宇宙的某个角落，他还是会和朋友相聚的，心存善念，永享快乐。

早上我刚睡醒，就要对新老朋友表示感激，难道我不应该对上帝的完美表示赞叹吗？因为他总是通过对我的恩惠来表示他们其实是存在的。我是很难交际的，我喜欢独处，但是，我还没有愚蠢到对于那些经过我面前的聪慧、高尚、可爱的人熟视无睹。在乎我，理解我，成为我一部分的人，都是我永远的宝藏。大自然不会小气到不让我感受到这样的快乐，所以，我们自己的交际成了这样的一张关系网。而且，思想一直是连续的，不久之后，我们自己创造的世界就可以站稳脚跟。这是上帝的恩惠，那些最古老的权势和美德还有神圣总是有一种与生俱来的亲属关系。我看到了我的朋友们，准确地说，并非我，而是我那些朋友互相称赞的个性以及彼此的信任，年岁、性别、周遭的一切等，都可以成为壁垒。所有这些，都是神赞同的，此时便结合在了一起。人类是非常不平凡的，我感激所有的人。世界的深沉在你的眼中被我感知到，并且让我的思维意识张扬，这些都是不朽的诗篇，永远不会消失——圣战，歌颂，世事，仍然在继续的诗篇，众神都在吟唱的诗。我与他们永远在一起，我也不害怕，我们之间是没有任何纠葛的，都是靠着单纯的亲和力在一起，所以我是善于交际的，不管在哪里，同样的亲和力让我们所有人都紧紧相连。

我必须承认的是，在这个世界上，人是脆弱无比的，在感情里付出太多是很脆弱的。认识的所有人都是我人生的大事情，让我感到非常困顿。那些一直给我快乐的人让我迷恋，但是并不会延绵很久。他的思想是简短的，也不会让我的行为混乱。我把朋友的成就当成是自己的，所以我为他们感到骄傲。他受到嘉奖，我也会感到开心，就像男人们听到自己的未婚妻被赞叹一样。我对朋友们的关心是超过一切的，他们总是让我感受到善意和美好，同样也让我抵抗了很多很多的诱惑，所有的一切，他的姓名、外表、衣衫和书本，还有道具，都在幻觉中越来越美好。我自己的思维也越发地清晰和明亮。

真挚

不过，其实爱也是会消失的，如同心脏的收缩一般。

然而，对于我们大多数人来说，社交所显示出来的，并不是它的脸和眼，而是它的侧面和背面。在一个虚情假意的时代里，想要与人维持一种真诚的关系无异于精神错乱，难道不是吗？我们很少挺直腰杆、昂首阔步。我们所遇见的每一个人几乎都需要某种礼节，需要迎合。然而，朋友却是一个心智健全的人。他利用的不是我的机敏，而是我本人。我的朋友热情地款待我，而不要求我许下任何的承诺。

我听到了你对那些才华横溢的人的赞美，可是他衣衫华贵我却不喜欢他，除非他就像我一样是个贫穷的希腊人。朋友们，我们一定会去相信 “表面” 硕大的阴影能把一切斑驳陆离的光线都囊括其中，和某些事情相比，你只是随从而已，就像真理、正义的存在，而你却是反面。你和我们的灵魂没有任何关系，你只是一个单一个体。你来到我面前，拿起东西回家。灵魂交朋友就像是树木长出新芽，新芽一定会占据枯叶的位置，自然法则就是这样永远不会改变的。每次震动都让我们感觉到不一样的灵魂是被大家所环绕着的，他一直都是一种高尚的自我评价，或者孤独的倾诉，他独自一人待着，也能和人们开心地交谈。爱让所有的事情都复活了，重新存在的孤独，让我们在追求的过程中被呼唤，这样，每个人总是在寻找友谊中度过一辈子，如果他把自己的感情记录下来，他要写信，也一定是这样写的——

亲爱的朋友：

如果我信任你，相信你的才干，你和我便是情意相通的，我就永远不会去和你算计那些琐事。我不是很聪明，我的性格也是非常诚实的，我为你的才华而倾倒，对我来说，它一直都是变幻莫测的。但是，我从来都不曾理解你是否会理解我，因此就算是折磨，对我来说都是幸运的。

你忠诚与否

所有，种种

其实，痛苦和甜美都是偶然的，并非长久，不能够随意流走。它是网状的，而不是布块的。我们的友谊一直都是行色匆匆的，短暂而枯燥。因为它依靠的是酒香和美梦，并非一颗坚固的心。友谊有种质朴的感觉，并且是长久的，和自然地法则位于相同的网状中。但是我们看到的永远都是眼前的利益，只想要一口甜蜜，上帝的果园里早就成熟的果子一直都是被我们采摘的，那是历经风霜之后才长成的。我们找到朋友，并不是为了神圣，而且有种占有欲。我们总是让自己的身体长满刺，我们一见面，就可以让对方受伤，所有的美好都变成了庸俗的词汇。所有的人，都要让他们觉得自己其实是谦卑的，都应该带有一种妥协性。最麻烦的是，人们聚集在一起的时候，那些所有的美好都烟消云散了，现实让人们觉得失望，即使你是个才华横溢的人也不能幸免。我们看到了卓识，也看到了深沉，感觉到了思想的最深处，我们带着最初的面貌相见，到了成熟、睿智的时候，一定会有许多意外出现，我们就会逼着自己去思考，并让理性和感性一直更替，我们仿佛失去了判断力，只有等待孤独来解救我们。

平等对待

我可以平等对待每一种关系，可以对所有的朋友都一样，我随时可以在和他们的交谈中得到满足，不管是任何人。如果我因为没办法应对而退出比赛，那么不管其他比赛如何快乐我都会觉得是懦弱的。朋友是我避难的地方，我讨厌自己。

将军身经百战，一世英名，
只因为一次惨败，
功劳簿上就没有了他的名字，
所有的一切，都毁于一旦。

这样，我们受到了训斥，害羞和冷漠是一层躯壳，里面都是脆弱不堪的。没有成长的灵魂，不管多么优秀，都无法看清自己，可是他却觉得自己了解自己，从而将自己丢失。我们必须尊重那个“缓慢的进程”，它用了百年时间变得坚硬。在自然法则下，阿尔卑斯山和安第斯山就像雨后的彩虹，来来回回。在天堂，我们生命力是没有鲁莽的，上帝的本质中有爱，整体的价值中也有爱，我们面对的不是幼稚和奢华，而是最根本的东西。我们应勇敢地接触朋友，让他感受到我们的真心，相信坚固的根基一定是难以动摇的。

这样的主题是没办法抗拒的。所以，对于那些不重要的东西我不会去说，谈论的只有那些卓越，神秘的关系。其实它多多少少都是绝对的，甚至用爱来表示都没有办法超越，所有的一切都是纯洁无瑕的。我憎恨滥用友谊的名义去炫耀时髦与世俗。我喜欢农夫小贩们的结拜，远远胜过用招摇过市、策马驱车、美酒佳肴的方式来庆祝的那种甜腻、香艳的相逢之喜。友谊的目的是要建立一种人人都能够参与的最严格、最朴实的社交，它比我们所经历过的任何一种社交都要严格。它通过所有的关系以及生与死的变迁来寻求帮助和安慰。它适宜宁静的日子、高雅的才情、乡村的漫步，然而，它也适宜坎坷的道路、粗茶淡饭、希望破灭、贫困和迫害。它欣赏连珠的妙语，也钦佩宗教的入定。我们应当承认彼此的日常需要与人生的职责，以尊严、勇气、智慧以及和谐为友谊增光添彩。它绝不应当堕入平庸与俗套之中，而应当机智灵敏、富有创造性，给辛苦乏味的事物增添韵味与情理。可以说，友谊需要种种非常稀有、昂贵的品性，每一种都需要调和匀称、恰当宜人，而且境况优越，因此很难保证它的十全十美。所以，一些深谙此道的人说：在两个以上的人中间，友谊无法臻于完美的境地。而我自己对友谊的定义则并不是十分的严格，这或许是因为我从来没有像别人那样拥有过如此崇高的友谊。不过，我发现，这种一对一的规律对于对话来说是不容违背的，而对话则是友谊的实践和完成。不要把不同的水过分地搅和在一起。如果你分别与两个人单独交谈，你一定会感到获益匪浅和十分愉悦。但是，假如让你们三个人聚到一处，你便会觉得话不投机、索然无味。两个人可以交谈，一个人可以倾听，然而三个人就无法进行一场推心置腹、十分尽兴的交谈了。只有当两个人单独相处的时候，才能够形成一种更为单纯的关系。然而，决定哪两个人能够交谈的，却是一种性格上的相似性。毫不相干的人是不可能给对方带来快乐的，也永远不会洞察出各自的潜力。有时候，我们谈及某种卓越的交谈天赋时，就感觉这仿佛是某些人身上的一笔永久性财产似的。然而，对话只是一种暂时的关系——仅此而已。尽管一个人被认为有思想、有口才，但是，在面对他的表兄弟或是叔叔伯伯的时候，他却往往一句话也说不出来，于是他们便责难他的沉默。殊不知，只有在那些对他的思想抱有欣赏态度的人们中间，他才会口若悬河。

友谊是可以用柔情来替代的，如血统、自尊、恐惧、希望、财富、情愫、仇恨、敬佩等通过各样的环境标志和烦琐的事情在一起。但是，我们总是会相信另外一个人身上有吸引我们的爱的优良品行，我们希望他是美好的。我们是单纯的，我们就能给他温柔了吗？一个人赢得我的爱的时候，我其实是幸运的。我觉得书本上说的都无法击中要害，但是我却一直记得一段话，那个我喜欢的作家说："我总是毫无保留地把自己奉献给那些把我当成他自己的人，所以我总是成全他们。面对我爱的人，我总是保留很多。"我觉得友谊一定要有眼睛，有口才，还要有脚，这样才不会悬在半空，然后可以飞上外太空。我觉得他一定是一个普通的人，然后可以成为另一个天使。我责怪那个普通的人，因为他总是把爱当成商品，当成礼物，当成借贷，他可以是好邻居，可以是陪伴者，但是没有把这种微妙和崇高重视起来。虽然我并不期望可以在小贩身上看出神圣，但是另外一方面，如果描述得太过细致，那么就没有公平和准时、诚恳和怜悯这些普遍的美德来让他自己变得丰厚。我无法原谅他，他们把友谊当成了一种时髦和俗气的结合体。满堂宾客，两个人的交谈一定不及他们四下无人时来得诚恳，在这里，只有在一伙人的共同思想上扬帆航行，只有摒弃自己的思想，才有资格讲话。这项理智的规定破坏了卓越的谈话的高度自由，因为这种交谈要求两个灵魂的绝对融洽。

两个人单独相处，就有一种非常单纯的相处方法，但是，想要实现这样的交谈，却取决于两个人的对话。两个毫无关联的人，是不会给彼此带去快乐的。不过交谈也只是一种暂时的关系，仅此而已。一个人即使被认为有思想有口才，她在面对自己的叔伯兄弟时也可能说不出话来。他们对他的沉默寡言横加指责，就会像指责在阴影里的日晷不能履行职能一样毫无意义。因为，只有跟能够欣赏自己的人在一起，他才会出口成章、滔滔不绝。

友谊其实是一种中庸的东西，一方呼唤一方回应，我其实愿意一个人走在路上，也不愿意他们施舍自己多余的同情和怜悯让我觉得自己很可怜。不管是对抗还是顺从，对我们来说，其实都是一样的。让他觉得自己应该是随时随地都是真正的自己吧。他就是我的，他所有的一切都应该成为我的，我在寻找一种果断的促进，或者说是一种果断的反抗，我讨厌那些软绵绵的投降。我们都要有自己的思想与见解，高尚的友谊要求我们一定要是独立的，高级的职责要求他们是伟大而且卓越的。

因此，两者一定要是独立存在的，然后才可以合二为一。两种所谓的天性，只有彼此珍惜，才可以在不同的环境下得到认可。

心胸宽广

心胸宽广的人，必须永远把高尚和善良视为根本，并且不急于干涉别人的命运，才会有真的友谊。钻石的生长期由自己决定，一定不要指望那个永恒的诞生被促成。对待友谊，我们一定要虔诚，一定要谨慎交友。尊重是友谊最重要的方面，我们对待朋友，要像对待一幅画一样，要知道，他有你没有的优点，如果你要强行占有他，那么那些优点就一定不会被尊重，所以应该给他留点空间，以便让他升华、扩张。不管是心灵还是外在，许多事情上，他其实都是陌生人，只有这样，才能在最神秘的土地上慢慢靠近，让稚嫩的年轻人把友谊当成自己的财产。我们贪图的过去，一定都是一种快乐的日子，而不要总是去想获得最高的利益。

让我们依靠长期的实践来购买进入这一行会的入场券吧。我们为什么要用打扰他人的方式来亵渎这些高尚而美丽的灵魂呢？为什么非要同你的朋友建立种种轻率的私人关系呢？为什么一定要去他的家，或者结识他的母亲、兄弟和姐妹呢？为什么非要让他到你的家里来拜访呢？这些东西对于我们的盟约来说都是实质性的吗？丢掉这种摸摸碰碰、抓抓挠挠的举动吧。让他成为我们心目中的一种精神、一种启示、一种思想、一种诚挚。我需要他投来的一瞥目光，但我不需要新闻，也不需要香醇的肉汤。我能够从普通的友谊那里得到不同的政见、茶余饭后的谈资，以及左邻右舍的便利。难道我与朋友的交际对我来说不应当像大自然本身一样富有诗意、纯洁、普遍和伟大吗？

难道我应当将我们的关系同躺卧在天际的那朵云彩，或者同摇曳在溪流中的那株蓬草相比，从而感到这是不圣洁的吗？我们不要贬低它，而是将它提升到那一高度吧。

我们一定要尊重友谊的法则，不要因为你的毛躁而让友谊之花过早夭折。我们必须了解自己，才能了解别人。如同拉丁谚语所说：在犯罪的情况下，我们是没办法做到任何一点的，我们必须保持冷静，不要因为一些小瑕疵而毁掉友谊，两个心灵只有在对话中才能了解各自的内心，才可以获得互相的尊重与爱戴。

我觉得最伟大的应该就是友谊了吧。我们应该奋力去维持。我们应该静下心来，如此，才能够知道神明的话语。不要去惊扰他。不要一定对那些渴望的灵魂说些什么，因为不管这些说法如何高超、如何动听，对你来说都是无比轻浮的。因为愚蠢和智慧是有等级限定的，等等吧，你的心灵一定会说话的。

美德会予以美德回报，做别人的朋友就是交到朋友。你来到一个人的家中并不代表你能与他亲近起来，如果两个人道不同则不相为谋，你是永远不会感受到他的真诚的。高贵的人遥不可及，我们总是被他们所拒绝，那么我们为什么还要硬闯呢？过了很久之后，我们会明白人与人之间的交往都有着定数与安排，有引荐、有惯例，也有习俗，这对于我们与他们所向往建立的关系都没有帮助。一旦我们的才性与他们上升到同等的高度，我们就能相知相交。如果我们没有结识，那么我们将再也不需要他们，因为我们已经与他们成为同等的人。说到底，爱就是自己的价值在别人身上的体现而已，人们与对方相互认识的过程似乎就是在表明，在对方的身上，我们热爱的不过是自己的灵魂。

徒劳地一味强求

如果我们总是一味地去要求，那么真正的友谊就一定会离我们越来越远。我们是一个人存在于这个世界上，最美好的友情其实都是不存在的。然而，崇高的希望总是能够鼓动人，那些爱情也总是在震颤着我们的心灵。在宇宙的其他角落里，那些爱我们的一切也为我们所爱的心灵正在行动、正在忍耐、正在挑战。值得庆幸的是，青春年少的幼稚轻狂、无知无畏终将会成为过去，我们终究还是会成长。低俗的人是不存在友谊的，我们应该相信自己，浮躁的我们把自己禁锢了起来，也让自己的幼稚和愚蠢越发明显。走自己的路吧，不要管暂时的损失，因为终将会拥有。真实展现，抗拒虚伪，自己周围的一切，一定都是德高望重的人。那些朝圣者，不管是多少人，总是会在他们的前面显现，所有的一切都是虚无的。

我们的友谊不能如此精神化，因为这样就让我们变得不一样了，这就是怨天尤人。不管我们如何纠正，大自然会让我们觉得自己是对的。虽然这会让我们的欢乐暂时被夺去，但是我们一定会更加地快乐。如果你想，我们就一定能够更好地享受孤独，那样一来，我们就知道自己是独一无二的。我们其实根本就不曾拥有什么，和我们一样，欧洲只不过是一块烂布，书本其实也就是幽灵，我们应该放弃崇拜，放弃乞讨。让我们向亲爱的人告别，并且还要对他们嗤之以鼻：我离开了你们照样可以生活。兄弟，我们分开其实是为了能够更好地相逢，能够更好地忠于彼此。我们应该忠于自己，朋友应该是多面的，他可以回望过去，也能够展望未来。他已经年华老去，但是还有美好的未来，还是一个可以领导的人。

朋友就像书籍一样，我发现的同时，就拥有了他们。交往的时候，自己应该主动，决定让谁被接纳或者排斥。我不太和朋友聊天如果他是伟大的，那么他也会让我成功，我也就不用去和他交谈了。很多预感会在那些伟大的日子里在我的脑海盘旋。我自己已经不是自己，我为了抓住而走近他们，我为了抓住又离他们远去。他们就是一道光，我总是害怕他们会消失。我爱所有的朋友，却没办法和他们交谈，我总是觉得自己没办法把握什么，我明白放弃一定也是会让我成熟的，也可以让我感到无比的快乐。如此一来，我的内心只会有很多表象，但是没有你自己，也没有你的光辉。就如同现在，我们也没办法交谈，永恒的交谈是朋友和我的希望。我得到了友谊本身，我不需要其他财产。友谊给我许多其他财富无法给予的，但是我们之间的友谊总是纯洁无比。我们在相遇时，素未谋面，我们在分别时，还在一起。

我很清楚，友谊一定是会被尊重的，但是有时候却没办法回答，这是很可能的。对方的冷淡使我没办法回答，而且也会变得越发地傲慢，变得优柔寡断、粗俗。冷淡的朋友一定会被高尚所批判的，如果没办法与之匹配，那么他就会马上离开，而你则会因为自己的强大而更加伟大。不要再与蟾蜍在一起，而是应该和神明站在同一位置。爱是一定会被人们视为可敬的，高尚的内心也一定会告诉我们，真爱一定会要求回报，这样的爱，一定会跨越低俗。他思考着自己的永恒，如果伪装的面具被卸下了，那么爱也不会悲伤，反而觉得掉了东西而越发自信。但是，这样的看法其实是很叛逆的，友谊一定是无瑕的，这样的慷慨和信任是毫无瑕疵的。他无法有任何猜疑，也没有半分从容，爱让一切变得神圣，让所有都变得神圣。

Part 10

成功（SUCCESS）

每个人都渴望成功，但成功是没有捷径的，不要妄想不付出努力而获得成功。在付诸行动之前，必须经过认真的思考，不要走马观花似的对待生活，而要悉心去感受。如此，你就会看到成功的曙光所逐渐绽放出来的光芒。

成功的定义

我们总是不停地重新定义着成功，我们应当对他们心存感谢与敬意，他们中的每一个人都为我们指引着前行的方向。正是这样一群杰出的人物，为人类的文明镀上了一层辉煌。从一首古代挪威歌谣当中我们便可以知道，这是一个执着追求成功、永不知疲惫的民族：

成功是最高的，
成功是最好的；
成功就在你的手中，
成功就在你的脚下；

成功就是与好人竞争、同坏人争斗。

亲爱的上帝啊，

他们永远不会闭上眼睛，

快看，快看，成功已经降临。

我总觉得宣扬一个人的伟大的时候，重要性并不是唯一的。其实，功德是非常重要的，但是他并不能够马上就得到。世界上的伟人们，并没有享用到伟大的好处，他们所处的时代缺乏电报和煤油灯、蒸汽车之类东西，鞋子也不是硅胶的，没有好的火柴盒、止疼药膏。莎士比亚、阿尔弗雷德、大西庇阿斯和苏格拉底都是这样的。大自然让那些可怜虫、幻想者和炫耀的人、只为自己着想的人来完成它没有完成的东西，可我们无法因此而感叹人性的缺点，希望可以意外地获得一点点蛮横和智能。就像战争，大炮在摧毁了敌人防线的同时，也让人们内心的伤口无法愈合。

我憎恨那些浅薄之徒，他们或者希望通过借贷的手段变成富翁，或者梦想通过研究颅相学而拥有经济学家的头脑；或者奢望不认真求学也能够成为智者、不做学徒也可以成为师傅，或者弄虚作假向人兜售货物，或者贿赂官员以争取选票。他们扬扬自得地以为这便是所谓的成功，然而实际上，他们已走上一条犯罪的道路。他们的所作所为，无异于在自杀，是在堕落和毁灭人类。我们常常自我炫耀，渴望一夜之间的成功，却忽视了那些真正重要和优秀的东西。

米开朗基罗是很聪明的，他总是这样对自己说："我发现上帝所说的美好的东西，其实都是虚无的，我才知道世界上唯一能够依靠的就是自己，而这样才是最安全和最踏实的。"虽然并非所有读者都相信这样的观点是正确的，但是我想所有的人都会觉得我所说的成功的第一个准则是对的，就是我们不应该有膨胀的心理。应该学习这一条教诲："自信无价，是最坚实的。"

善用才智

我们每个人都有自己独有的才智，利用好它很重要。我经常这样对自己说，大自然也会提醒我们，虽然人们认为每件事都亲力亲为其实是很可笑的，比如自己建造、自己锻造、自己烧烤、自己烘焙等。可是，每个人都能够把自己的事情做到最好，他是不会对别人指指点点的，却非常明白自己的能力，等到做好了其他的时候，他就知道，上帝把人类所有的能力都分开了。虽然自信是好的，能够让人展现自己、促进思维发展，可是人们都普遍缺乏自信心，很少善于把自身的才能体现出来。

我们每个人都具有某种与生俱来的才能，因此我们应当好好去利用它。尽管人们不太可能亲自去做所有的事情，比如自己建造房屋、自己锻造锤子、自己烘烤面包，但是我认为，一个人至少应该尽力去做力所能及的事情。可惜我们常常不相信自己，而是喜欢引用别人的话语，笃信古老、权威的事物，乐于引入外族的宗教和法律。我们的法官们往往不敢直面出现的新问题，而是宁愿花费几个月甚至几年的时间去寻找能够参照的先例，我们就是这样放弃独立思考的机会和职责的。所以，我们没有能力去执行自己的计划，也不知道如何去执行，因为我们无法弹去自己鞋底上的欧洲或亚洲的尘土。这个世界似乎生来就是旧的，整个社会都在倾听，每一个人都是效仿者。

行有所思

如果你想要成功，那你就必须自信。你必须相信的是，如果大自然让你存在了，那么你一定肩负着重要的使命。你应该努力工作，向成功迈进。我一点也不是要你好高骛远，去争取一些好像很光荣但是华而不实的东西，而是希望你能够努力地工作，走向正确的道路。这样看来，我们取得的所谓的成功其实是根本没有实际作用的。尽管大家所感激的并非发明家，但是每一次新生事物到来时，都要感谢那些能够引着他们走向前进方向的人，而不是那些把这些新东西转化为人们能够使用的人。其实人们是不会知道伟大规划中的小细节以及建筑规划中的详细工作的。不管它是一种新型的燃料，或者是新的物品或者一项农业发明，它依旧是可以预见的，虽然还停留在计划阶段，还没有付诸实践。它并没有完成百分之百，只有百分之七十，或者百分之五十，当它完全出现的那一天，人们才会惊呼："上帝创造的东西无与伦比。"对于富尔顿·罗伯特到巴黎拜访的事情，雕塑家霍雷肖格里诺这样对我说："富尔顿敲拿破仑的门的工具是蒸汽机，如果他拿着《圣经》或者莎士比亚的戏剧，或者荷马史诗，那么他就一定可以成功。拿破仑让他变得空前伟大，他在里面增加了自己独到的见解，可是他并不知道自己最后的结果。"

我们的言辞总是不周到的，我们认为伟大的人物很少存在于世界上，熙熙攘攘的人群中都是凡夫俗子，可是，荷马、莎士比亚、牛顿，还有苏格拉底等都是真实存在的，但是他们从未在他们生存的时代得到首肯。我们应该学会如何去不停地赞扬苏格拉底、柏拉图或是圣约翰。在适当的时期，我们应该觉得莎士比亚和荷马其实并不能称之为伟大，他们只是普通作家中的一员而已，叙述了一点让人快乐的故事和大家都想要听的情节。好的作者能写出好书，聪明的读者也会去选择构思缜密的书，在阅读过的书中，他们可以从字里行间寻找那些发光发热的片段或者是让人深思的词汇，他们是不会让任何传神的文章从眼前溜走的。

一些人可以耐心地观察这个世界，他让我们也拥有了这样的能力。不管是在什么地方，只要情感真挚，那些驱散阴霾的阳光就能照射到所有的角落。善于思考的人，可以拥有无限的能量。整个世界是不停歇地运转着的，如果你要探求根本，你就会知道，世界上所有的繁荣、交易、艺术、城邦和丰富的物质财富，其实早就存在于很多人的脑海里了。

悉心感受

生活难道只是走马观花吗？我们对此有无数的疑问，我们对于很多事物的感知不一样才导致了我们的智力好似差别很明显一样。或者是说，我们只是对很小、极小、非常小的事物鉴别能力不一样而已。当一个科学家或者作家在想一个问题或者作一篇文章却又毫无头绪的时候，他应当亲近大自然。在那里，他可以知道很多他们创造或者写作的过程中从没有感觉到的东西。或许牧童悠扬的笛声，或许鸟叫蝉鸣本身就可以成为一首美妙的诗歌。我们称之为健康，难道这不会让人羡慕吗？就像年轻人活力无限一样，他们计划着未来，他们拥有好的眼光，他们的血液是沸腾的，即使在冰冷的房间也一点不会觉得寒冷，他们愿意去阅读想象的书籍，可以在寂寥的夜晚熟读柏拉图的著作，可以从文章的对话里想象出身上温暖的衣衫。大自然的标志不断地被人造物品替换，我感到了无比的悲凉。

我一直记得年少之时，大地的吟唱，星辰的光芒，寒冷刺骨，风雨交加，在那些雨雪纷飞的夜里，整个房屋冰冷异常。但是现在，我们似乎远离了那些电闪雷鸣的日子了。我们在晨曦和晚霞里，在海洋中，在天空里，找到的是什么样的景色呢？这难道就是一种报复吗？我们感受到了阳光的温暖，它的伟大程度不亚于人类，它让我们感受到了舒适，就像我们可以从大自然的万物里体会到安宁一样。

我还记得，一个来自城市的男孩第一次进入十月森林，上天给予了他什么东西。那个时候，他好像进入了梦中一样，在美丽的土壤之上，他仿佛成为国王，戴着金色的斗笠，穿过吊脚的凉亭，走在青石板上，看着重峦叠嶂，以及远处影影绰绰的房屋。看到了植物的丰收之象，还闻到了沁人心脾的花香，听到了悦耳的鸟叫。他对所有的一切都充满了好奇，繁密的绿叶让他感到自责，他走马观花，步履蹒跚，可是内心是满足的。那些快乐，其实都是他细致的体会。可是所谓的森林之主反反复复地说着几片树叶“凋零了，它不会再长了，我要在春来之前砍掉它们”。

华兹华斯听说这个男孩时，作出了这样的描述：

我们总是感叹时光一去不复返，特别是对美好的时光。

我们还留恋那花，那草，那云端。

可是有些人说，其实这样的描述不是他当时的心境，他说话时是面带笑意的，好像一辈子都不会衰老。他认为对于他来说，每个新的春天都能够比过去的更加美丽。

我们成了自己的国王，那个尖锐的铃声是结束许多个不眠之夜的原因。可所有原因并非这一个。古老的教堂教会了你宗教的生活和学校的知识，而你，还学会了幻想，感受到了快乐。难道这仅仅只是砖砌瓦铸的城墙吗？你最爱的那个朋友居住过的小房子，他曾啼哭不已的房间，难道仅仅只是房产吗？你徜徉在海边，看着潮起潮落心潮澎湃，舀一勺海水，捧一把细沙，这就是你生存的环境，如果沙滩不只有沙子，那还应该有什么？如果大海里面不存在水，那么应该存在什么？我们没有答案，但是我们的残忍和友善是相辅相成的。沙滩在地心引力的作用下不断靠近地球，成为它的一部分，在万里碧空下上演了许多的剧情。

这个世界是有廉耻的。她身着彩衣，她同样经受着各项事物的冲刷。雕塑家不再继续他的作品，开始调转目标走向梦幻，那是大自然跨越了自己曾经最满意的一笔。所以，生活的组成不单纯是只有知识，也包括了爱。如果思想是途径，那么情感就是推动力。它让原本孤独的世界开始充满活力，让万事万物都被光照耀着。太阳的伟大使命，是让爱心这样一个小小的事物表现得淋漓精致，成为历史上浓墨重彩的一笔。

Part 11

自然（NATURE）

阳光的美好，森林的迷人，都是大自然的美好恩赐。人类存在于大自然中，两者不停地磨合，才能获得美好与快乐。自然同样也是丰富的，令人着迷，让人感到惊艳。艺术作为自然的体现方式之一，通过各种形式展现了自然的美丽。

超凡脱俗

对于那些真正隐居的人来说，一定是完全消失在社会中的。可是，他所做的每一件事，其实都会影响社会。所以，还不能说是真正意义上的隐退。他应该是心平气和的，抬头仰望星河时，会感触良多，常伴山水之间，超脱凡尘之上。有人说，为了能让我们进一步地揭开太空神秘的面纱，周围的空气才是透明的。站在高楼大厦之间，仰望星空，也能看见繁星密布，让人流连忘返。如果我们从未见过星星点点的夜空，那么偶然一瞥，会让我们陷入怎样的沉醉中不能自拔呢？但是，星星——这位美派来的使者，几乎每天都会飘忽在我们眼睛都能看见的上方。虽然万丈光芒闪烁不已，人们却很少懂得去珍惜。

看着那些触手可及却又远在天边的星星，人们总是怀着崇敬之心的。大自然是有大度量的，你拿真诚对待它，它同样会用宽阔的胸襟来回报你。可是，就算是绝世聪明的人，也无法说尽大自然的美，所以也不会在某一天对大自然意兴阑珊。对于大智的人来说，大自然是可以无穷无尽地开发的，那绽放的蓓蕾、活跃的生灵、崇高的山峰，都刺激着他用自己的聪明去发现、去挖掘，内心的开心无法言喻。

如果是用这样的态度去触摸自然，那么诗意的情怀自然会涌上心头，且明了、感人。它把人们的感受都杂糅在一起，可感受的人不一样，得到的结果也不尽相同，比如诗人与伐木工人看到的森林肯定是不一样的。农庄主人拥有了无数的田地与庄园，可是他却没办法去拥有这里的迷人景色。在这种特殊的时候，只有那些眼光独特的人才能感知蕴藏其中的美，而这种人我们称之为诗人。

景色优美且珍贵。可惜农庄主人占有了大片田地却无法拥有景致。

事实上，很多成年人都没能从内心深处感受到自然的美，他们也都没能感受到阳光带来的欢娱。阳光出现在眼前，他们却总是假装看不见，不用真心去体会、用大脑去联想。对于年长的人来说，阳光只是明亮的灯，能让周围的一切更加清晰而已；而对于年幼的孩童来说，阳光是可以让他们的内心百花齐放的。

大自然的崇拜者

忠实的大自然的崇拜者其内心是与大自然紧紧联系在一起的，即使是到了迟暮之年，仍然保持着一颗纯洁的内心。保持与大自然的对话，已经成为其生活的必修课，他们之间的默契与日剧增。每一次与大自然的接触，仿佛都获得了一次新生，因为这一切对他来说，是新的也是旧的，是亲密的也是疏远的。甜蜜感出现在了心头，脑海里浮现的是普世真理，他自己能够不停地去思考真实的价值，同时能感觉到自己存在的价值与意义。而这个时候的心情，应该是快乐无比的。

人们能够了解到的是，这些让人欢娱的能量，不是自然本身的魔力，也不是人自身产生的，而是源于大自然与人类的协调。这样的快乐应该时时围绕在我们身边。可是自然界并不总是能够契合到人们内心的世界，就算在相同的时间与地点，昨天可能是阳光明媚，今天说不定就是乌云密布了。就个人经历而言，感受过艰难困苦，经历过苦干实干，这些是永不停歇的，而他的生命势必会渲染出浓墨重彩的一笔。

就像亲朋好友不幸逝世一般，伤感弥漫了他的内心，让他无暇去顾忌身边的美景。

其实对于人类遭遇到的不幸，大自然也是能看到的，这时候它会收敛起自己的雍容华贵，收敛起阳光，不让天空万里无云。很明了的是，他重视的应该是如何去对大自然做些什么，而不是大自然的自身要求。所以，他模仿了许许多多的事物，而他总是会从中获得许许多多的快感，而那些特征同样也是如此。沉闷的东西让他绘出了阴暗的图画，万里阳光出现在艳丽的绘画之中。在人物素描中，他重点刻画的不是五官，而是通过五官了解人的本身。同时必须把写生的对象看成是一个内涵深厚、至高无上的原型，而不是完美的画作。

其实，在所有的精神世界里，我们观察的世界应该是要进行删减或者是有目的的，因为我们可以透过非常通俗的道理进入高层次的境界。可是尽管沉醉于大自然关于成功的描述中，人们还是无法进行自我解释。折中主义是大自然一向遵从的规律，可是离开了地平线上让人目不暇接的优美，人还是无法进行自我解释。如果不能获得更大的成功，或许他的说辞，或者所热爱的一切可能都将成为泡影。在这样的时间与空间之下，让人感觉到乏味的闭塞空间以及沉闷的外形都已经灰飞烟灭，而内心的呼喊却让他的精神和内心幻化成了优美的诗歌和浓墨重彩的笔画。

其实，艺术家擅长的就是用每天都会出现的符号向他的朋友、他的亲人以及这个民族与这个时代表达他无限冲突的感觉，只有这样，艺术才能生生不息。“天之骄子”的作品有着无可替代的印记，并且传达出了连想象力都无法企及的魅力。只要艺术家们掌握了这个时代的精神，并且表现在了他们的作品之中，这样的东西必定是举世无双的，同时还能在高层次上向之后的欣赏者们传达出崇高、神秘以及挚爱。没有人可以从作品中剔除这样的必然，也没有人可以从自己所归属的民族和时代中超脱出来，也不可能会有人创造出一个完全脱离了那个时代的生活模式。尽管这一切都是自然而然，不矫揉造作、不癫狂的。尽管如此，他也无法不在作品中表现出时代的痕迹。不管他的内心是否遵从，可是他就是活在了这个时代，接受着这个时代的熏陶，吮吸着这个时代的雨露，让民族风俗充溢于自己的作品，尽管他可能无法从那些风俗中得到任何的启示。无法替代的魅力总是能充溢在他的作品之中，这是个人的能力所无法给予的，因为艺术家手中的工具好像已经被时代的大手紧紧抓住了，指引着他们描绘历史的每一点痕迹。这样的情形，赋予了狮身人面像一种寓意，赋予了印度、中国、墨西哥的涵养一种价值，尽管它们都很粗糙、很原始。它们都揭示了在某个特定阶段人类灵魂的制高点，它们不是天马行空的，而是像自然一样地莫测与必然。在这样的地方，艺术作品会有和历史一样的价值，就像是在完整的年轮上又增加了美丽的画笔一样，按照这种命理的提示，所有鲜活的物体都朝着它们的幸福走去。

艺术提升美

从历史的昭示中我们可以得知，艺术其实就是提升对美的感受。我们沉醉在美中无法自拔，双眼被蒙蔽而无法看清它本身的面目，所以就要通过不同方向的展示去激发和挖掘那潜伏的情趣。我们创造、描绘，或者是把自己当成要学习身体秘密的求知者去观摩创造与描绘。艺术超凡的地方就在于它的不拘一格，可以把一件事物从纷扰繁杂的环境里显现出来。当一个物体脱离了原本的群体，才会有惊喜、有对照。我们内心的情绪是不会产生和美有关的情绪的。小孩子总是容易喜上眉梢，可是他们快乐的来源是他们在认识世界和感知世界中取得的进步。爱和活力把所有事情都集中到了外在物体的周边。把美好的东西都给予了实物，内涵和机缘巧合下相遇的语言，让他把整个世界展示出来，似乎已经成为内心的习惯。这些人就是人们常说的艺术家、演说家和人民领袖。超脱或者利用超脱来进行思想侵略，这是演说家和诗人的修饰技巧的精华，而这种修饰技巧在柏克、拜伦和卡莱尔身上是最为明显的：让一件事情在短时间内获得了崇高的地位。这件事在画家或者艺术家看来，则会表现出色彩或者石头的即视感，而这一切又与艺术家们的观察与内心体会颇为相关。既然万事万物的根都在大自然中，那么这些东西当然就可以给我们展示大自然的一切。因此，天才的所有作品都是时代浓缩成的精华，都是对物体进行观察后内心最深处的体会。在那种情况之下，有一件事情是不得不说的——不管是一首诗词还是一场歌剧表演，或者是一幅山水画、一尊雕像、一次演讲、一张建筑的草图、一场进攻与防守的布局、一份探索的计划，过不了多久，我们看到的却又是其他东西了。打个比方，关于一座完美的花园，我们似乎除了规划花草之外，其他的好像都不值得一提。如果空气、水和土是我们不知道的东西，那么我们肯定以为火就是这个世界上存在的本质东西。因为在我们扬扬得意的时候，物体本身就变成了世界上最好的物质，一切自然界的生物大概都是如此吧。在丛林间来回跳蹿的猴子的快乐程度一定不亚于占山为王的狮子，因为它觉得自己就是森林之王。一首悦耳的曲子让我内心为之震动，它的感染力超越了我读过的任何一首诗歌。一只被主人牵着的小狗以及自娱自乐的小猪，其存在感都是一样的。而这些东西都不存在于流传千古的绘画中，所以我们知道了世界其实是广阔无垠的。人是丰富的，可以从任何方面发展自己，获得一切可能。我终于明白了让我着迷和惊艳的地方了，其他所有的一切都是如此，优点存在于所有事物之中，而且都是相似的。

成功的画作

绘画和雕塑的作用似乎都是浅显的。最成功的画作是可以轻易地让我们知道它最真实的秘密的。一些奇妙的点、一些奇妙的线和一些奇妙的颜色，组合成了一幅变幻莫测的“风景画”，我们就沉醉在了这种风景之中。绘画之于手就好比舞蹈之于脚一样，一旦常常练习的身体已经变得迅捷、柔美了，舞步就变得不再那么重要了。绘画告诉我的是色彩的绚烂和技巧的传达，在那么多天才的艺术作品中，我看到的是随心所欲的色彩堆叠以及艺术家发自内心的绘画技巧。如果一切都在他的掌握之中，为什么他不去把一切都画出来？我眼里看到的都是大自然永远的图案。在大街上，各式各样的人来来回回穿梭不息，他们黑的黑、白的白，穿着不同的衣服，发型也各异，有高有矮，有快乐有悲伤，这一切不就构成了一幅丰富多彩的画面吗？

展览馆里的东西把这些都说得一清二楚了。色彩之于绘画就如同肉体剖析之于雕塑。欣赏了完美的雕塑之后，每当我走进一个公共场合，就能真切地感受到这句话的含义：“我阅读过荷马史诗，眼前出现的人都是巨人。”我也知道了绘画和雕塑其实都是眼睛的“保健操”，调试着眼睛去观察它细枝末节的不同的功能。没有一个雕塑能像千变万化的活人一般，人比所有的雕像都要优美。我无法描绘出我这里有这样一个艺术馆，因为从来就没有一个艺术家可以创造出如此神态迥异和绰约多姿、别出心裁的雕塑品。在这个地方，艺术家是严肃的同时又是随意的，对于原始材料的创作，他可能一会儿有这样的想法，过一会儿又变成了另外一个，他总是在变换着那个他将创造出来的人物的风姿与美态。果断放弃画笔和木架吧，还要丢掉那些没用的石材与刻刀，如果你没有一双可以看见神圣的艺术之美的眼睛，那么创造出来的一定都是伪劣品。所有的作品都与最初的能量有关系，这也就使我们知道了为什么所有的作品都有同样的特点——这一切都是可以让人们明了和接纳的，让人们的思维又回到了最单纯的情形，直到忠诚。不管用任何的手法来表现，都是最初的精神的重现，是一种单纯的光线的倒影，它和大自然相结合的产物让我们有似曾相识的感觉，开心之余，我们眼前出现的是高雅的自然，艺术也是完美无缺的：神圣的作品。一旦纯粹的乐趣和非凡的敏感在某人身上战胜了一些异样和凸显的文化，那么这个人就应当成为杰出的艺术评论者。我们可以时时刻刻去寻找美，我们也可以一步不离地把它携带在身边，只有这样，我们才能真正找到它。美的迷人之处是它独树一帜的魅力，是那些浮于表面的教条规则无法理解的。其实也可以说，这些都是人性透过介质来发光发亮：透过山石、透过布料对最本质、最真我的一种至高的展现。而那些已经拥有了这种属性的个体，它最懂自然，也了解得最彻底。

艺术的价值

出自希腊人的艺术品，是关于罗马的建筑，那些由托斯卡纳和威尼斯艺术家们绘制的作品中，言语成了它们最迷人的魅力。那是道德的解放，也是单纯、喜欢和希望的解放，由它们身上弥漫开来。那些由我们传递出去的，又让我们拿了回来，只是怀念里的标签更加明显了。到过梵蒂冈的游客，穿梭在那些展览室中，穿过奢侈艺术品，穿过那些满身铜臭味的美，那么他似乎就开始和单纯淡雅渐行渐远了。可能还会和最初的纯洁说再见，因为他可能不记得这一切最初都来自于他的内心。他沉醉在这些富丽堂皇的遗物中，可是却不知道这些并不是永恒的产物。忘记了那些为他作出贡献的时间和人们，忘记了他出自何处。这位雕塑者忘记了他的作品，他没有其他的参考依据了，只有周遭的人和事物，以及境遇，和一颗赤诚的心，以及坚定的眼神、清贫、坎坷、未来和担忧。这一切通通都是他灵感的来源，也是能够触动你和让你开心的地方。艺术家的魅力全部都体现在了他的作品之中，他不会受到任何材料的约束，只要他愿意，钢铁也能变成柔软的棉花，也能够把他想要表达的完全呈现出来。他不会受到历史的禁锢，也不会着迷于现世的潮流，在那些田园村庄的简陋的小木屋中，或者在森林深处的小房子里，或者是贫民区破烂的寓所里，所有的感情都杂乱不堪，而思想却异常奔放。

记得小时候，从大人口中得知意大利有璀璨夺目的绘画，我当时觉得这些东西应该是不能被普通人所理解的，一定是雍容华贵的，一定是有异国风情的，一定是堆金砌银、极致奢华的，好比孩童从未见过的标枪与盾牌，总是以为它们是造型奇特的。我希望我能看清楚并且了解这些东西到底是什么。当我面对着那些旷世之作，我才知道富于表面的技巧都是新手所垂爱的，天才们最爱的是质朴与真实，因为它诚恳，它平易近人，是那些一直存在并且永远存在的不曾改变的事实：它就是我们都已经烂熟于心的单纯与美好。还记得心里的又一次触动是在那不勒斯教堂。我觉得那里什么都是固定的，我就问自己："难道我不远千里来到这里，就是为了那些早已出现在我家里的东西吗?"我在这里，看到了似曾相识的东西，我去过罗马，看过拉斐尔、米开朗基罗、萨基、提香、达·芬奇的作品，现在又看到了这样一个事实，我在纽约所钟爱的，在梵蒂冈和巴黎同样频繁出现，我的旅行也因此而平淡无奇。一味炫技的绘画只会让人眼花缭乱，单纯而发自内心的创作才最令人感动。所有有意义的事物，都是由心而生的，艺术作品也应当如此。

《基督显圣容》就是其中最好的例子。画面透露出来的安静、柔和，让人心头为之一振，它好像在呢喃着你的名字。基督洁净而庄严的容貌让人赏心悦目。而那些期望看到雍容华贵的人，恐怕只能白跑一趟了。这种平常、质朴，以及平常的容貌就好像在等待着多年不见的朋友。画匠的说辞自有他的道理，可是如果你被这幅作品打动，那你何必去在意他们怎么说呢？你要相信这幅画是为你而作的，是为了那些能发现美欣赏美爱护美的眼睛而作的。

当我们说尽了有关艺术的好话时，我们必须勇敢地承认，艺术其实是显而易见的。我们拍手称赞的不是现实意义，而是它们的内在含义。如果有人认为黄金时代已经离我们远去，那么我们就认为他并不能清楚地了解人类。那些旷世奇作的真正意义在于它们的材质，是潮流的波浪或者细纹，是不会改变的意义以及表象。即使在最坏的情况下，灵魂也一定能表露无遗。如果所谓的艺术不能够与最强大的力量保持一致，如果不够实用又不够高尚，如果它完全不知道良知为何物，如果一旦清苦与学识低微的人都不能感受它在用仁慈与欢愉的声音与之对话时，那么就说明艺术其实还是幼稚的。艺术是至高无上的，技艺只是表面的一层皮，是不完整的低俗的产物，可有时候却又需要。它的本质是广阔的，可它无法容忍束缚的感觉，无法容忍缺失与迷乱，所有的艺术品都应该如此。它所有的终点都是自然的。人们面对艺术时应当是奋不顾身的，只要自己能够做到，便可去作画、雕塑。艺术是让人欢快无比的，应当能够推翻墙壁，让欣赏者感受到作家心里的那种挚爱与热情，这才是有能力的艺术家。

Part 12

美（BEAUTY）

美具有智慧，具有千变万化的权利，能让我们看到自己的内心。外在的美只是一种表象，更多则源自内在。同样，美也遵循着自然定理，接受着优胜劣汰。自然追求美的脚步是永远不会停止的，美是自然永久的状态。

美的方式

美，是智慧的化身来找寻世界的方式，是让人愉悦的方式。美是千变万化的，可以通过很多形式表现出来。比如，淳朴的原始之美，人的外貌和外形的美，优雅的举止美，思维之美，顺序的美，道德的美和心灵的美，等等。

人们总是觉得，出生之时，天使和恶魔就要先占有人的身体，然后去驾驭他，那些天使和恶魔就像烈火一样，燃烧自己的一部分，然后把融入的部分与这个人结合起来：恶魔的烈火会在坏蛋的头上，天使的则是和好人的血肉融合在一起。一旦人的身体死亡了，那些融合在他身上的恶魔或者天使就会去寻找另外一个替代品。古人把这样的行为叫作看马车而后知道车夫。其实我们在内心已认同了这样一种方式，只不过我们是以自己的习惯来命名罢了。人们常常说，对于一个人的评价，我们先想到的总是他人生的巅峰。我们对待朋友也是如此，因为朋友们有时候也会犯傻，可是我们并不介意，而总是在等待着他妙语连珠的再现，他们也一定会重新出现，明亮而迷人。相反的是，被恶魔缠身的人，不论他如何超凡出众，我们也不会对他记忆犹新，他们自己也知道这一点，因此总是暗地里留心你会不会发现他们悲剧命运的原因。我们也希望自己懂得一些咒语能够解救他们，让天空明亮起来。如何让思想碰撞，才是最关键的一步。思维就是一只被锁起来的猫，而美是善良的火焰，它让思想不断地成熟，让被诅咒的犯人知道伟大的力量正在等着他，而魔咒也一定会被解开。

美可以让我们从表面窥视其内心，歌德有句名言："美好的东西，是未知的自然规则的表现，如果没有通过它，我们永远发现不了美。"可能正是由于这样的本质，让所有的得到激发。虽然偶尔也会有浮于浅显和不务实的兴奋感觉，但这样的感觉，让一大批标榜自我的年轻人去旅游。所有人都能珍惜自己对于美的各种收获，甚至超越了对财富的追求，在这样一个务实的世界里，即使是对实用特别在乎的人，如果只是单纯的物品，他也是没办法满足的。如果他发现了美并拥有了它，那么高尚的感觉会充满生命。

深层次的美

许多哲学家曾想为美定下一个准确的意义，可是都没有成功。我宁愿他们只是为它罗列出一些特性，人们认为简单的事情就是美的，因为它是毫不杂糅的，总是可以恰如其分地表现自己，任何事情都与它息息相关，它让很多事物平衡地发展，它是持久且高尚的。人们总是在说，爱情让人看不清眼前的一切，好比爱神的眼睛被蒙起来了一样。盲目，是啊，只有这样他才可以选择去不见他不想看到的东西。然而，如果你要问谁是目光最犀利的猎人，爱情当仁不让，它总能明白自己想要的是什么。神学者说，锻造之神是没有脚的，而丘比特则是被蒙上了眼睛。这就说明，前者并非残疾，而后者可以看清一切。在美丽的童话故事里，爱情依附于永恒，受制于美。我们可以找到这样一句话来说明其中的含义：美，让心灵的航线永不偏离。

大自然各异的形态与不同的色彩，除了刺激到我们的视觉之外，还有其独到的魅力。它能增加大自然许许多多的美，而且并不是浮于表面的美，是一种更健康、更出色的活力。动物和人的外形优美，是某些外在的优美。换句话说，美是能让我们自身受到感染的。对于任何有机体而言，它如果与自身契合得越好，就越美丽。

通过对许多艺术体系与画作的研究可以看到，所有的美都必须是内在的，外在的一切不过是一种善意的伪装。正是由于骨架的完美，才能让皮囊光鲜，才能让体魄强壮，才能让双眼目光如炬，这些都是骨骼与其他东西完美契合而成的。只有这样才能让举止得体，让外表迷人。这和豹子与羚羊的动作一定是优美的是一个道理。即便是舞蹈宗师，也无法让形体难看的人跳出美好的舞姿。花朵迷人，是它的根基好看；贝壳好看，是上帝赐予的。所以，一旦我们对一个建筑着迷，我们是不会去对它的油漆、堆砌的方法、木材的纹路和那些毫无支撑意义的装饰木柱与圆柱评头论足的，我们只会对那些真正的脊梁赞不绝口。任何不多余的动作与言说都可以让观众开心不已。喂马、劈柴、田地做工、木工与铁匠活或者其他的辛勤劳动，在大智者的眼里，一定是值得赞扬的。假如这些都只是在作秀，那么一定会被归入低俗与虚假。海上的船只是美丽无比的，但是在舞台上的船只则显得毫无生气。即便是帝王为了增添情趣而放上的一只真船，还配有轮流值班的人，也是毫无意义的。你要明白，战场上士兵的步伐一定是比舞台上士兵的步伐更加迷人的。参加阅兵式时，我却被孩童的一件玩具所吸引，因为它是那么自然而然地让我联想到了美与真。

神话学家总是说，维纳斯是在大海的泡沫里出生的，任何古板或者单调的事物都没办法让我们激动起来。只有那种和生命一起奔跑，正在跨越或者努力跨越自我本身的事物才能让我们花时间去关注。那些杰出的建筑用石材传递着法则与路线，那些石材用算数的方法诉说着自己的思维，无比精美与庄重，因此它让我们身心愉悦。美是时时刻刻都在改变的，它可以从一种样子变成另一种样子。不论是任何形式的停留，垒砌或者只为了让一个特点发光，都是对美的误解。比如说尖鼻子、长下巴、背部佝偻等，都不是美丽的。虽说人们都在追求着匀称的形态，但是，如果那状态能够在不断地突破局限与坚守规则之间来回转换，我们就能够找到那种更加出众的美。平衡已经不复存在，人们迫切渴望丢掉它，同时又希望通过另外一种行径去重新获得它。这就是海洋、河流、飞禽走兽的魅力源泉，也是跳跃之美的所在，即一定要在不断改变的同时凭借活跃的动作以及轻快的行为去寻找平衡，任何生硬的、蠢笨的动作都不可能获得想要的结果。许许多多有经验的人跟我说过这样一个问题，他们觉得时尚是沿着一条既定的道路一直走着，并不会出于某些主观的判断，新的时尚总是原有的一种规则的新生。而从这里我们可以了解到的是，我们经常犯错是因为什么。每当我们在音乐中听到一些不和谐的音符之后，马上就能听到过渡音阶，让我们的耳朵能够适应下来，让心里舒畅一些。而许多有根据的实验原本是能够得以成功的，可是由于准备不全或粗俗等原因，最终都失败了。

期望塑造美

我想，一个能通过自己的房间让生活丰富多彩的巴黎女商人，一定可以让人们喜欢上她的服装品牌，并且能让她的客户了解到自己品牌的优势从而放弃其他的品牌。这种方式的适用程度是可以取决于人们对她的期望的。这一点，我没有必要重复叙述。如果大家都沿着这条路走，那么进步党口中的言辞虽然不近人情，可是最后人们都会去遵循的。因此我们容易联想到的是，只要按部就班，那么妇女们也一定可以参加集会、巡演，可以去驾驶，参加选举，发表自己的意见。美在这样的运动之下显得理所当然，就像往返的流水、流动的血液、地球的公转与自转、植物的荣枯、大自然的四季变化等。我们一旦遵循着同样的一个规律，那么我们的思维也一定会得到升华，直到永远。

神话学家有这样的言论：美是可以驾驭狮子的，美是自然的需要。简约的美的代名词是线条，它最初的设计理念来源于蜂巢，即用最少的材料获得最好的效果，就像鸟儿的骨骼和翅膀一样。“这是对繁杂的清晰”，米开朗基罗秉持的正是这样的一种观点。构造大自然的初衷就是简单的，没有多余的繁文缛节。虽说动植物五彩缤纷、形状各异，可是它们都有自己生长的理由并且恰如其分。在艺术设计中，我们通过巧妙的构思去节省材质，比如说去掉不是结构的装饰，在节省成本的同时，还不会影响到美，这样一来，装饰的重点就落在了朴实的圆柱上面。简单，是艺术品的杀手锏。通过最朴实、最初的方式来呈现最伟大的真理，这样才可以让人生的价值体现无遗。

如果要问我什么是第一位，我想我的答案永远都是真实。在那么多的创意之中，艺术就是要把表达的对象彰显出来，而彰显的对象在之前已经是一个可以触摸到的物体了。偶然之下的产物绝对不可能是精彩的，而艺术之中包含着的民族所具有的本能才最真实。美的本质其实是持久的，在我最为熟悉不过的房子里，我看见了壁炉上那块鲸油被画成了兔子的样子，可能因为这个原因，人们可以让它一直存在下去，或许直到永远。一张被艺术家随手涂画或者写下几行字的信纸，如果被人们所注意，它就开始超凡脱俗，或许还能被挂在墙上供世人欣赏。所以这张纸上所出现的东西，也会被保存很久。对于苏格拉底写的任何东西，人们已经在永远保存着，以使它永远不会消失。

汽笛声总是会飘得很远，同样，美丽的外表可以让人们浮想联翩，并且可以让人们一直去模仿。许许多多被复制出来的画像以及创作品都陈列在了罗马的梵蒂冈宫里，而这些都能让人们赞不绝口。存在于我们城市里的粗俗建筑很快就会被拆除了，而且一定不会重新修建，可是美丽的建筑肯定会被一再地模仿。所有的建筑师们，一定都会去模仿那些美丽而坚固的东西，所以丑陋肯定会被淘汰的。

完美设计

那些在艺术范畴内的完美设计，大自然的巧夺天工，都是美丽的幻影和先导。这样的美在人的身上体现得越来越完美。爱美之心人皆有知，凡是美经过的地方，大家都会快乐无比。美存在于空气中，并且在女人身上得到了最完美的体现。那些信奉穆罕默德的人总是说“上帝让夏娃拥有了三分之二的美。”那些美人才是天生的诗人，她们可以驾驭山野村夫，也可以用甜言蜜语将希望和爱倾注于每一个爱她的人身上。当然，宽容是有底线的，美也一定是需要有附加条件的。然而，即便是美人们脱口而出的讥讽与批评，我们也会笑脸相向。上帝让女人拥有了可以让男人神魂颠倒的魅力，可是她们总是面带嘲笑，悄声说：“是啊，那些男人确实会被我吸引，可是他们的样子却不能让我满意，除非再强上稍许。”在很久以前的法国，一旦听到了宝琳娜·德·维吉耶这个名字总是能让人们热血沸腾，因为她德才兼备的同时还拥有迷人的外表。她家乡的市民们总是对她浮想联翩，以至于政府出面要求她每周都要出现在她家的阳台上，并且不少于两次。所以每当她出现在阳台时，她家周围总是被人们围得水泄不通，都是为了一睹她的芳容。而康宁姐妹的名声也能让人心情激动，姐姐嫁给了汉密尔顿公爵，妹妹嫁给了考文垂公爵。沃尔博尔说起她们出行时的状况总是激动不已：“每周五，当夫人出现在庭院时，周围一定是人头攒动，客厅里面的贵族们还会爬到桌子椅子上去，如果他们知道夫人将要去的目的地，那么就一定会先赶过去，占好位置。”他还常说：“人们为了能够一睹芳容，会通宵达旦地守候，只为了在她登上自家马车的时候能看上一眼。”

可是，我们没有必要去用那些人的盛名来满足我们对美的追求。这样的把戏，我们心里其实都知道，也很容易会被我们撞破。在愚钝眼睛里的笑容，不论过了多久，都是没有办法让人感动的。其实女人就存在于我们身边的大自然中，那些用情很深的男人都将自己喜欢的女人比作天上的繁星、地上的森林与大海和春夏的美丽日光。她们的优雅不但可以治愈我们的蠢笨与粗鄙，还能让学者们的思想产生变化，净化他们的心灵，让他们的行为变得优雅，让他们在感觉到科研的烦闷时会用快乐来解忧。

自然追求美的脚步是永远不会停止的，美是自然永久的状态。米拉波画像有一个优雅的背景，可是他的相貌却令人不敢恭维。这就证明其实我们是能够享受美的，如果我们的先祖一直按部就班地过日子，说不定我们也能拥有美丽，就像那些灿烂的花朵一样。但是，我们的身体往往没有带来美，反而以一种漫画的方式讽刺着我们。于是，我们就一直处在尴尬的境地，如果腿不够长，我们只能小步向前，行动颇受限制。这似乎类似于人身攻击了，其实腿长的人也有自己的烦恼，他们会弯下腰去配合大众的高度，从而失去了自己的优势。马歇尔曾对一个绅士开过这样的玩笑：他的脸似乎一直泡在水中。萨阿迪也曾经对一个师长这样说过：“他的脸看上去只会让人生气。”其实并没有十全十美的面孔，许多的脸和身体都是不标准的，要么眼睛小，要么鼻子大，要么肩膀高低不一，要么头发稀疏不堪等。一个人不论是外形还是内在，都是经过无数的小碎片拼接起来的。就算是这些小碎片，也并非是我们自己的，也是从先祖处遗传来的。所以可以得知，其实人本身就不是高贵的品种。

希腊人都会这样觉得：要得到所有人的爱戴与恩宠，就一定要拥有美——如果一个女人的自负与美貌同时存在，那么我们通常会忽略她的自负，因为不论她做什么似乎都是在向人们施舍众神的恩惠。但是并非人们对所有的美都能够着迷，因为许许多多的美是没有感染力的，无法调动人们的热情，而那些藏着掖着的美，也会让人感到乏味。阿贝·梅纳尔谈到及勒·巴约伊总统时这样说道："除了画像，他一事无成。"希腊的格言同样说着这样一个道理：关于爱情的力量并非单纯地出现在对于美的追求中，那些并不拥有美貌的人同样也拥有了爱情。那些已经饱经风霜又脾气暴躁的老人可能在看到美貌的时候令他无法忍受，换句话说，他们无法接受拥有一点点瑕疵的花瓶，尽管他们看过了无数个花瓶，他们还会把这些一起扼杀掉。而我们知道的则是世间万物的存在都有其缘由，包括丑陋与秘密，关键在于人们对它是否有兴趣。

不管一个人的外形多么不堪，如果他浑身上下散发的是一种贵族气质与难得的气质，我们也会对他刮目相看。如果一个人浑身散发美丽，富有号召力，博学多才，即使外形丑陋，我们也会被他打动，并跟随他的脚步，而且还可以拥有至高无上的拥属感。一位有作为的演讲家，尽管貌不惊人，可是却满腹经纶。德雷斯主教是这样评价德·布荣的："他长着一副黄牛的面孔，却拥有了猎豹一样的敏锐。"胡克是牛顿的朋友，大家都说他的相貌是最丑陋的，可是他的诚信无人能及。杜·盖克兰曾有这样的名言："如果上帝没有给我完美的容貌，那么一定给了我果敢的决心。"本·琼森评价过菲利普·锡德尼爵士："他拥有高贵的血统，可是脸上却荆棘密布。"如果我们遇见了这样一个人，他可以让国家风调雨顺，让人民安居乐业，让生活有滋有味，让人们趋于和平不再产生战争，那么即使这个人四肢残缺、兔唇鸡眼，也都是不重要的了。到了这个时候，他身上的缺陷反而将成为他的一个标志，这就是思想的伟大，它的力量可以颠覆人们对美的评价。它让美变得不那么重要了，那些对美着迷的人已经开始动摇了。当一个人的思维感染着世人时，他的外貌应该会渐渐模糊。只有当另外一件令人着迷的事情出现时，才会让人们放弃追求外貌美的兴趣。美其实还是像古话所说的那样：“世界万物存在的原因，都是因为美。”

追求美的决心永不停止

在混乱时期，那些在意大利的艺术家与所有人团结一致，建立起了绝对的统治。这些艺术家们说明了，人们总是要屈服于比他们更加强大的人。一个人可以轻而易举地在石头上雕出一个头像，让它散发着最原始的美与敦厚，让人们在它周围流连忘返。如果他可以合理地运用大自然的力量，如果他建造的小屋可以媲美国王的宫殿，如果他利用物理知识让家里五谷丰登，那么这一切都可以归纳在美的名下。

人体之美尽管让人惊叹，可是白驹过隙，在长长的生命中不过是短暂的几个春秋而已，就像烟花一样瞬间绽放又迅速消逝。但是我们追求美的决心是永远都不会停止的，只不过是由外在转向了内在。对于内在的美，关注更多的是卓越的才能和高尚的品质。美还有这样一个特点，就是不论这个东西多么迷人、伟大、高贵、典雅，如果不能激发人们的想象力，那么它就不能和美相提并论。这也就是美无法被定义的原因。美永远都是特立独行的，它不会为任何人和事物而活着。普罗克洛这样说，它穿梭在浮躁的外表之上，更确切一点的是，美的内心才是最令人赞叹的。美总是可以摆脱所有约束，一瞬间便消失在天边。如果星斗是可以触摸的，那么它也不会让人如此迷恋。如果我们浸泡在海水中，那么它之前的美也就不复存在了。因为想象的东西永远是和现实有差距的。华兹华斯说：“光一定都是永远在移动的。”这话的内涵就是，欣赏者的内心有多辽阔，美就有多迷人。

威尔士的流浪诗人曾经这样对他们的妇女同胞说：

> 那些卡德瓦隆的追随者，
> 总有一天他们的美会消失殆尽的。

构成事物的美，一定是一种美好的品德，也可能是一种特殊世界的力量，让个体与整个世界紧密联系起来。每一种不同的形式，大海、蓝天、彩虹、花草与音乐，其中的许多都不属于单体，而是属于整个世界。它代表着自然的内心与和谐、灵魂与自我，所以才是美丽的。在那些我挑选出来的人身上，我发现了他们的言谈举止中都有着许多相似但又不同的地方。因此我们能像爱美丽的自然一样去爱他们，他们美好的内在激发着人们无限的思维，他们的脸上透露的是一种难以言说的肃穆与庄重。

想象可以出现在任何事物之间的转化之中。那些固有的特定的常识，好像突然就变成了远古人们神秘祭祀的一部分。我的靴子、板凳与桌子是变化了的仙女和星辰。所有属于大自然的事物，都是智慧的产物，创造了永不停歇的语言。那些美丽的盒子，我请求你们宽恕，因为我不知道你们曾经放着珠宝。枯草与尘土都开始闪耀着自己的光泽。身上的外衣永远都不会改变。一旦领悟了事物内心的东西，那么我们就能得到它的快乐，这样的快乐是任何事物都无法给予的。那些思维一直在跳动的日子，才是生命最闪耀的时刻。

诗人的爱人们总是容易被他们比作风景、庭院、珠宝、彩虹、晨曦与星星，这些都是有根据的。因为美都是有共性的，如果一个东西不能拿来与大海、蓝天相比，那么我认为这样的事物存在的价值并不高尚。每一个事物，都是被神圣所围绕着的，周身还有许多神秘的东西。同理，我们走的每一步，不管朝着任何方向，最终目的都是为了到达那最美的宇宙之巅。这是一个自我成长的部分，我们最开始的欣喜可能是被赠予一支玫瑰，而后面我们知道了牛顿，也知道了世界不过是一颗从更高的地方坠落的苹果而已。到后面我们了解了柏拉图，知道了地球是整个宇宙中很不起眼的一部分，它被包围着，而这样的阶梯一定是通向心灵殿堂的。

Part 13

修养（CULTURE）

修养同样会对成功形成影响，它拥有来自睿智思维的提示，能让人拥有健康、纯洁的灵魂。修养更多地是让人们把关注点放在社会与自然中，而不是自己身上。修养能够给予人的审美意识以良性的指导，并且改变一切事物，让一切都更趋于美好。

善意的力量

当世界都被权力的强势所迷惑，并对金钱的追求无止境的时候，修养却在给成功重新定义。在生活中，我们常常被自己所拥有的力量所困扰：对每一种事物的记忆让它成为一本百科全书，伶俐的口才让它喜欢与人争辩，赚钱的天赋让它把钱财视作生命。更进一步说，人被金钱奴役了。但是修养可以让这一切都显得轻微，它借助其他的力量让现在主导才能的地位有所削弱，因为它一直推崇的是另外一种高尚的力量。

许多人都会在下意识里在体制中把自己放到一个很重要的位置，所以总是容易变得很自我，也很容易产生个人主义。因个人主义而产生的妄自尊大让社会随时产生病痛，它就像是一种流行的疾病一样，侵蚀着人们的身体。这好像是人们普遍拥有的东西，无病呻吟成了它最令人厌烦的表达方式。受难者让他们的苦难公之于众，他们把包裹的绷带从伤口上撕开，从而来博取人们的同情心。他们对病痛是不加抗拒的，因为病痛可以为他们带来许多关怀。就像那些我们经常看到的不受关注的儿童，当和大人共处一室的时候，他们总是不断咳嗽，直到引起大人们的注意为止。

学生们可以利用他们的所学和所能得到一些特殊的技能，然后借用这些特技继续学习与成长。去把自己的艺术细胞发挥到极限，去学习各项手艺，去融入人群进行社交，但是又能保持清醒。他会是一个拥有良好修养、高远目标的人。修养不会让这些人伤心的，就算是上帝也不会让这些人遭到一丝的损害，反而还会为他们破除人生道路上的许多坎坷。

我们的学生要有一种别人没有的气场，要有一个明确、高大的目标，而且要努力成为自身领域里最拔尖的人。当这一切都实现了之后，要做的是继续前行，把目标再提高一个档次，周而复始。总之，一定要有一种不妥协的精神，要能够独立思考问题，以及有自我保护的能力。

修养是会得到许多睿智思维的提示的，它说：每个人都会有他自己熟悉的范围，在这里他能够掌控所有来自外界不和谐的声调，让那些美好的爱心得到重建，并且警醒人们独自居住和对现实生活抱怨多多是极度危险的。

其实，调整自己的途径有很多：发现自然，发现人们的闪光点，发现社会的各个领域，知道那些可使自己功成名就的任务，让那些和哲学、艺术以及宗教有关的高等的知识烂熟于心——书本、玩乐、安宁和独处。

人的优点是很多的，最突出的便是可以在不和谐的因素中瞬间找到和谐的契合点来转换。修养是可以让人们忽略掉张狂的，还能消除人们对于村落和城市间的芥蒂。

如果他是一块坚固的顽石，但是亲眼看了野马被驯服，猎狗对主人的言听计从，动物们的井井有条，还有那个“聪明的跳蚤”之后，一定会对教育佩服得五体投地。柏拉图有过这样一个观点：“小男孩是所有动物当中最调皮最捣蛋的。”英国诗人盖斯柯恩也说过：“如果你不让男孩接受教育，那么你就不应该让他来到世界上。”我们了解到的是，只有严格的纪律才能造就人们信赖的军队。只有通过专业的训练，一个人才可以有成为英雄的资本。罗伯特·欧文曾经说过：“我可以教育好一只老虎。”如果你对教育的力量一直持观望态度，那么你就是冷血的人，因为善良是一种自然的规则。人们能有今天的地位，全都是因为他们努力奋进以及运用了善意力量的缘故。

修养的历史

让我们的教育披上流行与时尚的外衣吧。政治总是喜欢放马后炮，然后一直卑微地缝缝补补。终有一天，在我们手中，政治会被教育所取代。我们口中所谓的变革，不管是对封建社会、战争还是嗜赌、烂醉，都不过是表面的治理。我们一定要从更加高的地方着手，即，让教育治疗我们。

我们让初学者掌握一些入门法则，能让他们得到很多好处，好像我们能让他们长命百岁一般。修养让我们变得健康，让灵魂纯净，还能让人们得到一种意念，而这种意念让坏念头得以打消、绝望的感觉远离我们。但是，我们的很多次训练可能都是没有结果的，这是我们必须面对的。毕竟，我们看到的成功其背后隐藏着无数的试验以及失败，所以我们应该接受自己付出的努力有可能会付之东流的这一结果。

在修养的解释中，书籍一定是占有重要位置的，因为它把人类最宝贵的智慧记载其中。悠悠几千年的历史出现过的杰出人物，诸如伯里克利、柏拉图、尤利乌斯·恺撒、莎士比亚、歌德和弥尔顿等都是满腹经纶的。他们得到过最优质的教育，他们聪明绝顶，对书本推崇备至。我总是觉得，功成名就的人一定是喜爱读书的，换句话说，他能够吸收多少他的天赋就有多少。

所以，只有在人们愿意读书的时候，书籍才能发挥作用。可是很多时候，人们并不愿意读书。我们强行把一个孩子送去学校学英语，可是他更喜欢流连于上课途中的花花草草。我们觉得严厉的学校可以让孩子们成长得更好，可是孩子们觉得，他的所有知识都是在那条每天必经的林荫小道上得到的。他不喜欢语法与数学，但是喜欢骑马打猎、钓鱼航海。如果是这样的，我们不可以说他错了。如果我们的教育里没有体育这一项，那么我们就没有资格去行使自己的教育和培养的职权。舞刀弄枪、篮球足球，通通都是老师，它们能够解放人们的天性。唱歌与乐器，绘画与跳舞，口才伶俐都是一样的。只要这个孩子拥有聪明的头脑、高贵的气质，淳朴的个性，那么所有的东西都不会逊色于书本。

现代修养

城市让我们的思维活跃起来。我听说，华盛顿与伯明翰能让人们摒弃那些蠢笨的陈词滥调。培养一个人的爱心与社交能力，成为教育最重要的作用。有过许多人生阅历以及看过了许多美好事物的男男女女，他们的举止一定不会是庸俗的。富勒说过："每一次德国纳赛公爵脱下自己的帽子时，就可以让一个别国的臣民臣服于他。"如果我们的社会处于兵荒马乱时期，那么我们就不能拥有一个教养丰厚的人。特别是女性，社会总是渴求有非凡教育的女性。沙龙里坐着的女性，无不美丽动人、端庄贤淑，她们都习惯了安静恬淡，举止有礼，她们习惯与人交际、吟诗、作画，篆刻，只有这样你才能拥有自己的斯塔尔夫人。

城市教给人们最重要的知识就是让自己的举止得体。许多美国的年轻人都觉得自己超凡出众，这是一个致命的弱点。历经风霜的人是不会让虚荣填满自己的，他们从不高谈阔论，总是温和谦逊，避免浮夸之词；他们服饰低调，答允之事一定可以做到；他们执着、勇敢，对自己的职业不会夸夸其谈，以免那些毒舌贬低自己。我们身边路过的某个看似山野村夫的人，其实是鼎鼎有名的大人物，这是多么让人开心的事啊。拿破仑就算位于权力之巅，也能一身朴素的打扮。彭斯、司格特、贝多芬、惠灵顿、歌德等这些名垂千古的人，都曾经是别人眼中的小喽啰。曾经听说伊巴密浓达总是在倾听着别人而从不说话。歌德在与贫穷的陌生人交谈时，总是用一些通俗的措辞和话题，衣衫也不会很正式，行为也会更加随性一些。有个古代的文人说过：

贫穷和卑贱离你越近，你就越能理解无声的周遭其实在倾诉。

我总觉得，华兹华斯受到威斯特摩兰郡城民的热爱，是因为他的榜样功效。他让人们了解到如何去低调、平和地处理自己的日常事务，以及如何过上和谐、温馨的家庭生活。尽管这个小伙子其貌不扬、衣衫褴褛，可是他能达到人们所翘首企盼的位置。其实不管是在城市还是在农村，许多中产阶级每天都有自我约束和勇敢向前的行为上演，这些都是我们在文学作品里不曾体现的，而且永远都不会出现。但是，这可能是世界越来越好的主要原因。他们自己不讲究吃穿，可是愿意对孩子的教育进行巨大的投入；他们辛勤劳作，为了孩子能进入更好的学校；他们起早贪黑，只为了补上拖欠的债款。

独立思考

如果一个人要成为伟人、领导者，那么他就必须保持自己身心的独立，避免和其他人一样过着日复一日重复而粗俗的生活，被那些陈旧的观念所桎梏。毕达哥拉斯说过："要独处，于清晨。"只有这样，才能有和大自然对话的机会。但是在人群里，都不会轻易开口的。只有这样，他想提拔的宠儿才会获得一些能够令他们超越他人的神圣力量。所以我觉得，柏拉图、普罗提诺、阿基米德、赫耳墨斯、牛顿、弥尔顿、华兹华斯，都不是会受人群思想所引导的人，而是变成了恩人，偶尔莅临大地。伟大的导师总是叮嘱自己的学生：不论如何安排自己的时间与生活，我们都要学会独处和养成独处的习惯。

情操高尚的人和诗人们虽然喜欢独处，可却是为了所有的人。修养的最高意义是让人们去关注社会与自然，而不是个人的价值。

修养之于成功

我们坚信，修养是能让人们的审美情趣越发美好的，也能警醒人们的审美意识。我们也许可以替换掉个别字词，可是不能背离其主旨。如果一个人总是贪图小便宜，那么他就和乞丐无异。虽然我们无法否认他也是社会组成的一部分，可是我们不能说他已经让自己发光发热。我们总是痛心人们不能发现美，他们不能了解可以让时间和事物都升华的美的力量：度量的魅力、控制的魅力、慈祥的魅力。绅士们总是标榜自己安静、快乐，那是有力量的宁静，希腊人是可以把战争也吟唱成诗篇的。英雄们不管如何暴力，脸上的表情永远都是闲云野鹤一般。就像我们对于震惊世界的瀑布的描述：它从天上优雅地来，拥有迷人而聪明的面孔，是修养的最终结果，也是成功的结果。因为，它表示所有的一切已经功德圆满了。

当我们把自己的聪明才智付诸日常生活时，悲伤和难过就不会总是这样围绕在我们身边了。景色美丽，群山围绕，壮丽秀美，可以让我们的心绪得以平复。甚至是至高的殿堂、奢华的教堂，也会让我们的行为得到改变。我听说，如果身处于穹顶下或者宽阔的大厅里面时，即使心情烦闷的人，也能得到一丝慰藉。我觉得，篆刻与绘画能让我们心情平静，让我们不急不躁。

但是，文化的内涵一定不是如此浅显的，其深刻的内涵对于任何人都是一样的。对于一个勇敢的人来说，这些都是意义深刻的。我们必须看清那些面具后的真相，我们应该明白的是，有时候人的不幸，往往都是他朋友带来的。

面对那些波涛汹涌的急流，我们应该勇敢地去平衡，就像平衡流水一样。追求自我的人一定经历过许多不同的人生，他一定能把内心的仇恨放下，不去计较。他从来都不会以貌取人，都是根据人们的能力以及修养去评判。

世界上的人们，岁数越大就越要忍受人生的不幸和磨难。每一个奋进的心灵，面对我们的时候，都是带着美丽的童真的。让那些做作的世故远离我们吧，让实用之风吹向我们。

修养之于改变

如果要爱，那么就让欢笑与泪水相伴；如果有需求，就让艰难与困苦永伴身边；如果战争开始了，就应该永不退缩；如果有信仰，那么仁慈的爱人之心一定会带领我们享受生活；如果我们向往艺术，就要有匠心独运的作品；如果我们热爱科学，那么就要激情四射地面对科研。只有这样，我们才能刺激那根已经麻痹了的神经，让它跳动起来。让蝴蝶破茧而出，让生命降临大地，让我们自由自在，让我们开辟生活的道路，让胜利的凯歌响彻周围。

现在不再是刀耕火种的社会了，智慧与内心的时代已经悄然而至，理性占据了我们生活的全部。人类的修养是所有事物的初始，也能让一切事物改变。它可以让所有的阻碍都成为前进的动力，能够让敌人变成朋友。如果你可以从人类的足迹寻求到未来的变化，如果你能感受到人类身上善意的动作，那么我敢说，所有的一切都是可以为你所用的。一定会有那么一天，修养可以让原本混沌与炙热的世界之间的界限消除，让炼狱变成天堂。

Part 14

美德（VIRTUE）

美德被人们歌颂，因为美德把公众的利益当作最终目标，不轻易受外界影响，不轻信别人的话语而改变初衷。人们的行为因为美德而得以规范。美德源于真理，在人的生命中具有重要意义，体现在人们的行为和思想中。

美德的定义

诚恳、刚正、执着和仁慈，都是人们所歌颂的美德，也是评价一个人的重要标准。更加重要的一点是，拥有这些美德的人，其所作所为完全是出于本性，并非故意而为之，不会有任何功利的目的。在高尚与真相之间，人们似乎更加期待真相。人们心里总是觉得良好的品行一直都占有绝对的优势。我们的所作所为，都是为了让世界越来越好，并不单单是为了让真理存在得更有意义。

能把公众的利益当成最终目标的，才是美德，一个自私的人是不能称之为有道德的。说起道德楷模，马库斯·奥里列阿斯和康德的故事就很值得一提，他们的目的与追求值得我们大家学习。

我们所说的勇敢指的是，一旦能让公共利益变为现实，那么就算是刀山火海也不能退缩。我们所说的爱，是指甘愿为了对方而放弃自己。当我们在利益面前时，应该勇敢地去争取。

其实，人们的思维在一定程度上是相通的。虽然人的能力并不一致，对事物的认知也各不相同，但是他们在是非问题上却又出奇的一致。即使是人们口中的坏人也对是非很明确，只不过这些感觉埋藏在他心里，还没有表现出来而已。这就像一个迷迷糊糊或者嗜酒成性的人就不一定不会拥有一个健康的身体一样，隐藏在邪恶面具下的，往往是美德的真面孔。

人的本性里还有着不同的一面，这其实是个人的缘由。每个人都是单独却又真实的个体，都渴望拥有美好的东西，并且总是力求通过各种途径实现自己的目的。所以社会行为法则就出现了，它横亘在个人利益与大众权益的矛盾中间。我们总是为自己考虑得多一些，可是他人却总是要求我们放弃自己的利益而去顾全大局。

行为正直的人们从未想过要让自己得到好处，但是人们却一直都很尊敬他们。这就说明，他们的所作所为让他们无私的本质显现出来，而这样简单但伟大的力量总是让人敬畏。如果人们的经历与丰富的内心世界，以及让人期待的美德共处一室，那么个人利益一定会显得小之又小了，而我们也一定会因为我们的私欲而脸红。

美德的标准

美德让人们的眼睛看得很远，不单单是为了一些鸡毛蒜皮的事，而是会从更长远的目标去分析问题。人们往往不再只关心自己的私欲了，而是会从人类的角度去看问题。我们是群居动物，不能苟且偷生，如果大家都被困难所吓倒，那么我们个人也不会拥有幸福。因此，我们从道德的身上寻找到了归属感，让我们知道自己并非是漂泊的，我们其实是一个整体。

美德包含的东西其实很多：真相、才能、善意、美好都可以为它代言，都是它不相同的方向。那些品德好的人，都是不会斤斤计较并且愿意付出的人。大家都不愿意舍弃自己的生命而去追逐高官厚禄，但是有许多人为了一个真相而甘愿抛头颅洒热血，或者是为了国家安定、亲友安康而付出自己的一切。能做出这些事情的人，灵魂已经高于我们了，而他们的意志与精神永远都会让人们记得。

如果能有这样一个人，他品德高尚，探求真理，推崇正义，做任何事之前都把别人放在第一位，那么他周遭的人一定会为他的魅力所折服。和他在一起，人们的心里会是安定与满足的。他身上会有光，照亮他到达的地方。那些被他照亮的人与事物一定相信，灵魂是一定可以永垂不朽的，也相信，在我们无法看到的那个世界里，他已经与神明合二为一了。

最让我们铭记于心的一刻，应该是遇上一个高尚的人。因为，我们的精神世界一定会焕然一新的。最好的老师，是会用他的内心来感化与教育大家的，而并非只是传道授业。他们对我们的影响，就像我们在昏庸无道的君主统治下，被一道强烈的力量冲击了一样。我们应该感谢他们带我们走向了新的世界，让我们的生活多姿多彩，让我们知道在任何时刻衡量我们行为的都应该是美德这一标杆。

美德是永远站在自己这一边，让自己最深处的想法得到证实的，不会轻易地被外界所影响，不会听信别人的言语而改变自己的初衷。我们会觉得这样的人是值得我们赞赏的。而我们更应该赞赏的是，那些经历了缜密的思考之后，不会再为外界而改变的决心。不过，对于这样的品德我们知道的不多，而且支持他们的人也是很少的。

美德的体现

美德不一定是无形的，它需要人们的展现。它不是存在于意识里的，也不是用来招蜂引蝶的。它拥有一种强大的能力，从而让人们的行为得到规范，人们也愿意按部就班，于是宗教信仰就出现了。它借助人们传播美好，人们接受了僧侣的生活，不断地重新思考自己，让人们团结起来消灭罪恶，而且还推动了建立慈善机构的进程，并开始建立规范。

宗教总是会用善意的道德规范和尺度来让人们的行为得到规范，所有的宗教都会用爱的名义向人们进行叙述，政治家、圣贤和伟人们，都是如此。就算是现在被我们摒弃过的戴着面具的宗教其实也是真实的，原来也可以在它们存在的时代起到许多积极的作用。

今天，人们的眼睛除了可以看见神明以外还可以窥见人的内心，我觉得这是一种提高。我觉得，神学发展如此迅速，一直处于统治地位的时期并不是一个非常文明的阶段。在那个文明还很落后的时代，头脑聪明的人会选择放弃神学而回归道德。所有的教条都是位于道德的根基之上的，在接受者那只有现实成熟或者轻率，臆想或者现实，但是他们对真理的拥护，低调正统的美德都是一样的。不管是他们自己内心的起到还是在神明面前发誓。尽管宗教一直在不断地变迁，可是美德却永远都存在。

小孩初次学习走路的时候，往往都是无所适从的。可是当他可以独立行走了之后，他便不会如此地依赖了。同样，人的思维也是需要不断成长并独立的。很多时候，人会因为没有了依靠感而倍感孤独，特别是思想上的。这样的孤独感，一定会让他自我检讨的，可是这之后，他就会觉得，自己并不会因此而损失什么，反而还会更加地接近上帝，可能还能提高对福音书和“摩西十诫”的理解程度。以后他的宗教范围就不存在于小教堂了，已经幻化成了他头顶无边的蓝天。

无形的美德

不论是国家还是个人，意识的提升都不会和道德的丧失一样，而是会体现出更加细致和严格的规则。美德可以让所有的邪恶避让。如果说一个国家一定要选择一个方法来让美德普及的话，那么宗教一定当仁不让。因为它身上所闪耀出来的光芒，可以照亮别人，让别人爱它、敬它。

美德总是跟在真理的后面。美德在我们生命里应该是最重要的。美德可以让大家变得和气，当我们面对任何人包括敌人的时候，美德都可以让人焕然一新。普拉贺拉达说过："真主啊，我的眼睛从没看到过敌人，因为我总是看到他们和我们被捆绑在一起的灵魂。"这句话让我感受很深，其实朋友或者敌人都是我们凭主观臆断去区分的，但是我们总是容易走入自己设计的迷局，把错误推向他人，把不幸归结于命运。但是我们从来都没有认真地思考过，其实所有问题的根源都是自己。如果我们打倒了所有的所谓的敌人，那么我们可以拥有什么呢？那些我们不愿碰触的邪恶永远都存在于我们灵魂的最深处。孔子对他的国君说："大王，统治国度不一定要用暴力啊。如果您心存仁慈，百姓才会安定，就像春风可以吹开满山的花朵一样，您的慈爱会让所有人臣服。"国君又向他询问如何能让偷盗消失，孔子这样说：如果我们的一国之君都是毫无贪欲的人，那么百姓臣子也一定都不会去偷盗了。

所以，美德对人类的滋润式教育是如春风拂面一般的，这样的过程并不存在特定的规距或者恶意。如果你出生在一个开明的家庭，你应该不会知道

“应该”或者“不应该”这样的词语，你也不会知道有人一直咄咄逼人，有人一味地恭谨顺从。大家都是平等并且相处融洽的，没有人居高临下俯瞰所有的事情。强行的指挥是没有必要的。瑞典科学家兼神学家史维东堡有过这样的一套理论：“在精神的世界里，如果有人要掌控别人或者骑在别人的背上，那么他永远都无法被接纳。”而在表达自己对于美德的看法时，歌德的观点是这样的：“善良，是人们最珍贵的宝藏。不管是任何的东西在他面前都要俯首称臣，包括赞扬、光彩和勇气。”美德的力量是无穷尽的，或许我们不能马上感受到它的力量，可是在未来的日子，你总会感受得到它的伟大。

美德不可触摸，可是又把一切都包容进去了，谦虚也包括其中。这样一来，实际上它是会让自己更加高尚的。美德其实不会让你拥有所有的幸福或者不老的容颜，可是，你有自信可以这样去诉说自己。

当一个人面对美德毫无保留的时候，一种更加神秘、更加美丽、更强有力的美德便会向他展示。这时，上天会把他引向一条路。他知道了自己的生命是没有办法被约束的，他的存在是为了爱、为了完美，尽管这个时候他身处犯罪与懦弱的情况之下。他崇拜的是他自己，虽然他还没有看到这样的情况。他知道崇高所代表的是什么，尽管他还是没有办法去完完全全地解释清楚。当他略带天真地说或者理性地说“我热爱真理，真理不管是于内还是于外都是缤纷异常的。美德啊，宽恕我吧，带领我吧，我愿意为奴为仆，不管白天或黑夜，不管地位高低，一直到时间尽头”的时刻，造物的目的就达到了，上帝也能开心了。

美德是可以让那些依附着神明的法则满怀敬意的，而且可以让快乐满布。它还能让人们意识到：其实自己活在每天自己扮演的游戏之中，看似无聊，可是蕴藏着丰富的道理。孩童们沉浸在玩具中的同时，已经开始知道了许许多多的科学活动了。而人们看似游戏人间，可他们还会知道爱、害怕、正义、贪念，以及各种无法表达的关系。这些定律和法规是没有办法被表达的，也难以被记录，让人很是费解。可是只要抬头看看，就可以从人们的脸上、行为，以及我们自身的忏悔中找到它们。美德的特征是包含在所有的行为和思想之中的。如果我们要对美德进行描述，那么需要费尽心思地去描述出很多细节。但是，这样的高尚情操是宗教最本质的东西，所以就让我举一些例子来让你知道完整无误的美德是什么样子吧。

美德是可以洞察内心最深处的一切的。这样的法则自以为是，不受约束，也无所顾忌。所以，对人类灵魂所拥有的不屈服的回应不会是短时间的、全面性的。所有屡做善举的人，马上就可以高尚许多；作恶多端的人，也会得到相应的报应。让杂质少一些，纯洁便多了一分。如果一个人内心是正直的，那么他也可以成为上帝，上帝的所有美德，都可以在他身上散发出来。如果一个人只会耍小聪明，华而不实，那么他就是在给自己挖坑，从而走向道德的对立面。一个心地慈爱的人，他会谦逊以及卑微地面对美德。所以，他走下的每一个脚印，都是向着天堂。

我来了解一下，这种存在于身体内的能量是如何快速随时随地地让自己发光的。它维护公平与正义，纠正错误的风气，努力让事情与思维协调。尽管人们让他们思考的时间不长，可最后还是得到了大家的认可。搭载上美德，人们变成了自己的上帝，善行让自己功德圆满，作恶只会让自己坠入深渊，纸终究是包不住火的。偷窃只能让你更加贫穷，行善却能让你更快地致富，而杀戮总会让人们知道谁是凶手。哪怕只有一点点的欺骗，比如为人虚荣，想得到别人的关心，让自己显得很大度，都会立刻原形毕露，最终贻笑大方。如果你不曾隐瞒，那么自然界的万物都会来协助你走向成功。因此，不要欺骗，不要隐瞒，只有这样，所有的生命才能成为你的见证者，甚至是地下的万物都会迫不及待地要为你遮风挡雨。什么样的人就能找到什么样的朋友，所以灵魂从来都是自我的，不会听别人的胡言乱语，不管是奔向天堂还是坠入地狱。

所有的事情都向人们昭示着，这个世界不是权力至上的，而是一种意志和精神的结合体。这样的精神遍布每个角落，它在太阳的余晖里，它在小溪的细沙中，你的抗争是没有用的，一定阻碍重重。因为，事物的本质如此，别无其他。

善良是美好的品行，邪恶就是一种流失，这就像寒冷是因为热量的缺乏一样。所有的邪恶，其实就是死亡和空白。仁慈是独立而真实的。一个人的生命与仁慈是成正比的，因为万物的精神根源都如此。这样的精神在不一样的场合里有不相同的名字，有人叫它爱，有人叫它正义，有人叫它节约，就像大海会因不断冲击的波浪而取上不相同的名字一般。一切的起源都是相同的意志，一切都是密不可分的。

如果一个人心无恶念，那么他的力量应该是无穷尽的；一旦他走上邪恶之路，那么他就会失去力量的帮助。他的生命就会一点一点地越来越渺小，变成一颗微粒，一粒尘土，直到消失殆尽。

我们看到了草长荣枯，也就感受到了那一份情感，它总是给予我们最大的快乐。它一直很吸引人，能够掌控人，它是山冈的柔风，它是世界的清醒剂，它是合欢香，它是蔬菜瓜果的香味，它让蓝天和大山高远无比，它让星辰都开始歌唱。是它而不是科学让宇宙变得安定，让人们安居乐业。美德在人的内心不断生长，它总是说，规则才是掌控大自然一切的王者。宇宙、时间、永生、未来都为此欢欣鼓舞。

这样的情感是至高无上的。它昭示了人们幸福的真谛，让人们开心不已。灵魂认清了自己的真面目，它让人们为自己童年的错误而买单，即使希望获得利益，也要从伟人身上获得。所有的美德，都是一个人的自身，它和每个人都一样，可以走向理性的最深处。当他说“我可以”的时候，当他感受到爱情滋润的时候，当他被上苍提示从而选择与善良和高尚为伍的时候，高级智慧在他的灵魂最深处笑意盈盈。从此以后，他便知道了什么是崇高，他自己也知道崇高给他带来了更广阔的空间，当他的灵魂飞向远方的时候，正义应该无坚不摧，爱情应该甜蜜美满。

Part 15
财富（WEALTH）

生存于世，需要创造一些事物来为这个社会作出一些贡献。用自己双手去创造，去改变生活，拥有生存之本，拥有财富。金钱与道德也有着千丝万缕的关系，包含了无穷尽的力量。人类不断地成长，道德不断地提高，财富的观念也会随之发生改变。

生存之本

如果一个人偶然进入了一个群体，其他人肯定很想知道一个答案，即这个人的生存手段是什么？其实这是无可争议的。如果一个人没有养活自己的本事，那么他就不能算是一个真正的人。如果一个社会不能让每个付出汗水的人得到相应的回报，那么也不能说这是一个真正的社会。

每个人不应单纯地消费，还应该创造一些东西。如果一个人想要获得一定的社会地位，除了要偿还自己欠下的债务之外，还应该为公共事业作出一定的贡献。

财富其实是人类利用自然取得自己所需求的东西的手段，比如刀耕火种，比如发现最令人激动的定律。财富是内心与自然相互作用的结果。如何致富，不单单是辛勤工作，也不单单是节俭，而是要保持清醒，详细计划，果断行动，而且要和他人紧密配合。一个人可能四肢发达，另一人可能头脑聪明，比如他可以从风吹的方向来判断来年的水果产量，以便及时调整种植的品种，双方应当协作配合，才能更好地致富。

那些悬挂在枝头无人问津的或者是掉在了地上的果子，白白被浪费了。但是如果改变地方，把它们运送到那些不生产它们的地方，那价格一定水涨船高，因为人们常说物以稀为贵。商人们都懂得这样的道理，所以把货物从密集的地方运往稀缺的地方，从而得到很好的收入。

如果你要累积财富，应该是在这样的情况之下：如果你有一所坚固的房子，就能遮风挡雨；如果有一台马力十足的水泵，就可以及时饮水；如果有几套衣衫，就可以随时换洗；如果有充足的柴火、充裕的酥油，就可不愁吃穿。还有牛羊马，能够让你收入丰厚、出行不愁。如果还能读书丰富自己，你就可以从各个方面使自己变得强大起来。

财富立足于这些必要的物品之上。我想说的是，大自然给北方寒冷的地方定下了不可动摇的法则。首先，她要求人们为自己的衣食住行负责，不能依赖别人。如果他不能继承任何财产，那么他就应该努力工作，生活节俭，不辞辛苦，这样才能让他不遭受别人的冷眼与排斥。在他能够有独立的生存能力之前，大自然不允许他偷懒，她用贫穷与寒冷鞭笞他、敲打他，而不会让他拥有温暖、快乐和美梦，也不会让他拥有朋友以及感受到阳光，直到他能够通过双手为自己创造财富。之后，大自然会和缓一些自己的态度，但是依旧会严厉地催促他，让他更加强大起来。商店里琳琅满目的商品，市场上五彩缤纷的水果，和许多突发奇想，都让他拥有了新的追求。而这些又让他开始掂量自己的能力，是否能满足自己。你想通过语言让人类放弃欲望是没有用的，尽管许多哲学家已经证明了无欲无求对人生的帮助很大，可是人们都不会安于自己的小茅屋或者粗茶淡饭，人们都是渴望拥有金钱的，希望所有方面都可以和金钱挂上钩。财富还让人们感受到了许许多多的便利，比如交通、通信等，同时还产生了音体美以及最出色的文化创作者。那种真正的智者，是可以利用现有的财富催生出无数财物的。一个能懂得从他人身上、从别的国家、从已经逝去的人身上为自己谋利的人，才是真正富有的人。

一个强大的民族必然也是富有的。撒克逊民族是最富有的商人，这主要是因为他们具有独立的经济能力。他们不依靠政府、食物和猎物，不崇拜宗教，不听从于年岁长的长老，也不要固定的婚姻关系，但是他们要求每个族人都承担自己必须承担的责任和义务。他们信奉这样的法则：自己要靠自己的双手改变生活，否则一切都是不可靠的，也无法维系自己的地位。这样的观点给英国人带去了财富与安详。

财富与道德的关系

经济问题和道德是紧密联系在一起的，因为这件事情牵扯到了如何去保证人的独立性这种问题。人们常说，人穷则志短，贫穷让一个人的本质得以改变。一个欠下别人很多债的人，其实就是别人的奴隶。华尔街一直有这样的一个价值观点：如果他是百万富翁，那么讲信誉和守诺言是很容易的；但是如果他被失败和苦难缠绕，那么他就应该很难做到我们开始说的事情了。如果一个人的经济出现了很大的问题，那么我们不可能指望他道德纯洁，就像柏克说的："美德是普罗大众无法购买的奢侈品。"

那种知道自己几斤几两的人，才是真正的男子汉。悲催的是，那些无耻之徒总是在我们的眼前晃悠。他们总是游说美女与天才们穿上他们的衣服，为的就是要让他们说出很多轻浮的语言，要让他们证明靠自己吃饭的人也不是可靠的人，只有那些会用钱的人才是聪明的人。如果一个工人面对高速运转的机器能够面不改色、神情安详，那么他就可以与伟大的人平起平坐。

都市生活里的社交是非常不成熟的，他们把财富变成了玩偶。那里的奢靡之气成风，人们都是华而不实的，所以让一些粗鄙的旁观者认为这应该是我们所拥有的最好的生活方式。然而，如果我们以这种方式用掉了自己所有的积蓄，那么一定会引起众怒的。最后会围绕城墙，燃烧城市，向有钱的人们开炮。那些理智的人是会善待财富的，把它看作是大自然怀抱里甘甜的清泉。

有些自己创业的人一心只想着财富，他们华而不实，使用了许多骗人的手段，说出许多谎言来欺骗别人进行投资，如果我们没有辨别之心，盲目听从了他们的胡言乱语而进入他们的行列，只会让我们蒙受损失。这样的情况对人们贪财的心灵作出了解释。而人们的盲目，只会让很多人被欺骗，而最后受益的人，就是那些小人。

那些异常富有的人可以驰骋天下，也能认识许多不同的人物，还能周游世界，感受不同地方的民俗风情。无论是在南非还是在亚马逊河，无论是在青藏高原还是在中东死海，他们都可以享受到无限的美好。人类所有的艺术、科学、风景名胜和便利，似乎都是为他们而产生的。

俗话说："有钱人总是受到人们的瞩目。"有钱人会把很多东西带入人们的视线中，他们不仅引人注目，制造许多不一样的活法，而且还会引领社会的潮流，不管是在乡下还是在城里，不管是在山坡还是在海岸，或者是欧洲的古老庄园和悠久的城堡，全部都有他们的印记。就像波斯人说的："有钱人身上的皮革，能够铺满整个世界。"这句话说尽了富人子弟的奢侈生活。

民间还说："国王的手臂长过所有人。"所以我们也应该拥有一个长手臂以抓住机遇。从表面上看，如果只是单纯地发财，似乎不值得提倡。我从来没有见过一个富人在享受到丰厚物质生活的同时还享受了精神生活，所以我觉得，真正的富人是不存在的。

在不一样的时代里，人们对财富的感受也是不一样的。所有文化的产物都是建立在财富之上。凯撒、法兰西国王、塔斯坎尼大公、苏格兰郡主全都是富人们的象征，他们用财富让那个时代活跃了起来。在一般人眼中，梵蒂冈和凡尔赛宫是华丽无比的，但博物馆和图书馆也是人们需要的，这是暗示人类要珍惜所拥有的财富。前人创下的伟业、开展的各种活动，对于后人来说都是意义不凡的，我们现在的生活，很多都有赖于他们的行为。可惜的是，现在的人们并不知道节俭为何物。

歌德曾经说，只有那些懂得财富的人才可以分发财产。有些人天生就适合坐拥财富，他们可以让财富焕发生命力。而有些人则不同，他们尽管富可敌国，可是身上仍然没有一丝的优雅，他们的钱财似乎并非真正属于他们，倒像是偷窃来的一般。只有那些能管理好的人才能获得财富，而不是那些游手好闲、狠心霸道的人。你们说他们财大气粗，我倒是觉得他们只是衣冠楚楚的乞丐而已，他们不配拥有财产。那些真正的富翁，能够用钱财为更多的人创造就业机会，能够为想要发展的人扫清道路，一旦这样的人成了富翁，民众的生活也可以跟着一起慢慢变好。而他们贫穷了，民众也不会感到惊慌。

现在社会上社会主义的思维是主导，这可以引发人们去设想当前的文明行为。让人们去思考，现在掌握在少数人手里的财富，如何才可以让大家都能享有。人们总是觉得这样不公平，大家的财产，为什么只有少数几个人占有？每个人都对风景着迷，对财富也是一样，可是，很少人可以梦想成真，也没有多少人可以买得起眺望宇宙的天文望远镜。我们可以去图书馆任意翻阅，可是却没有能力去购买和保存。那些独享财富的人，一定要让财富造福众人，才算是真的财富。

对于那些涵养很高的人来说，财富有很大的感染力量，它可以让人们优雅高尚。就像音乐一样，对于那些能够享受的人来说，音乐的魅力是无穷尽的。今天许多人可能没有办法欣赏到高雅的艺术，但是这样的情况在古代希腊是没有的，因为他们觉得，大众所接受的艺术才是真正的艺术。

公共财富越盈余，人们的生活就越富裕，它们之间的关系非常密切。这样的情况在欧洲最为常见。可在美国，人们对自己私人的财产更重视一些，他们更注重的是个人能力获取财富的决定性。

一个人只要发挥自己的智慧和能力，就可以让财富源源不断地向其靠拢。人们都是想要变得越来越富有的。或者说，只要发挥自己所有的才干，思维不超脱现行轨道，那么财富就会自然而然地到你身边来。财富是有思想的，其实这样的游戏要求参赛人员保持清醒，推理合理，思维迅速，还要有超乎常人的耐心。科学劳动能够取代刀耕火种的方式。那些聪明的人们，在漫长的岁月中，已经发现了许许多多有效的工作方法，艺术、文学、开采、加工、制造、行驶、交易等各行各业积累下来的技术，让世界的财富不断壮大。

善于经商的人能够很快地积累自己的财富，艺术可以分为商业的或者是经营的，其中的关系错综复杂，并非所有的人都适合参与其中。在经商过程中，一个看重实际的人，只会相信自己眼见或者经历的，不会去理会什么运气或者投机。他会尽力赢得每一次的生意，只有这样他才会越来越富有。其实赚钱也有很多法门，经商者应该秉持诚信和实在的精神。商人们可以追求利益与风险，但不可以吃着碗里的看着锅里的，朝三暮四。

金钱可以让金钱拥有者的本性和运气得到显现。一枚钱币，就像一个可以改变社会、民族还有道德的衡量仪器。就像一个农民非常珍惜他的美元一样。因为这个钱，他不是从路边捡来的，而是靠自己赚来的，他深切地知道钱的来之不易。为了赚钱，他不辞辛苦，时常汗流浃背。他知道，这些钱包含了多少风霜与汗水，包含了多少阳光和雨露。他还知道这个钱里包含小心、耐心、耕作和辛苦。当这钱在你手中时，也包含了刚刚提到的所有的一切。在城市里，金钱似乎是轻便的，但是农民却把它看得很重，而公职人员获得美元好像特别地轻而易举，所以这些钱容易从他们口袋里“逃出”，上了牌桌或到了别人的口袋。

此外，金钱所代表的还有道德，它所包含的力量是无穷尽的。伴随着人类才能的不断成长和道德的不断提高，金钱也在不断地增值。你花一块钱投资教育比你花一块钱给罪犯买东西吃更加有用处，和谐社会里所用的一块钱，远比罪恶社会的钱财来得更有意义。

你也可以拿金钱来衡量一个社会的风气。如果人们让处事原则坚守了下来，不出卖自己的灵魂，那么良好的社会风气便指日可待了，而人们的生活也会愈发地充实。反之，如果人们为了谋取金钱而让自己一步一步走向罪恶的深渊，那么整个社会也就是混乱无序的了。如果我们用十个罪犯代替十个诚信的商人来管理城市的金融贸易，那么银行的信用也就不会再有了。而更加恐怖的是，学校也就没有了护栏，法官也会徇私枉法。所有的标准都变成了金钱，人们的约束也会越来越松懈，社会则会陷入无边的黑暗。

每个人都可以成为商人，我们可以向别人贩卖我们的劳动成果，而我们只是用彼此的财富来交换而已。

财富总是有一套自己的法则，它不会对人强加施舍，而是会指定有效的法律来让和谐、公平公正得到维护和拥戴。每个人要获得财富都要通过自己的双手，一个人拥有的财富，应当是和他匹配的。我们正处于一个越发健全的社会，它可以让财富从邪恶之徒手中慢慢消散，然后汇集到辛勤劳作、刚正和勇敢的人们手里。

积累财富

财富累积是有一定规律的。

第一，每个人如何消费，一定要根据自己的情况来定。假如你有足够的能力去赚足够的钱，那么你就应该勇敢地去投资，就算你一掷千金都是无关紧要的。大自然可以让每个人都有自己的长处，让他可以完成其他人无法完成的工作，让他成为社会需要的人。这样的安排决定了他的行为和消费。

如果一个人胡乱花钱，把很多金钱都花在了毫无用处的事情上，同时不去创造新的有价值的东西，那么我可以称呼他为腐朽不堪的人。我们处事时应该有一个正常的目标，只有这样，我们的所作所为才是有意义的。否则，人类的进步与发展，社会的繁荣与昌盛，都无法做到。

我们应该知道，花钱要花到正确的地方，节省之处要节省，该花之时不犹豫。我们很多时候就像个孩子，看到什么新奇的东西都想要。一个人一旦可以减少那些不必要的支出时，他就能够独立了，并且会不断强大起来。

所以，许多人应该果断地脱离低级趣味和奢靡的生活方式。我们不要单纯地去看外在的东西，而要理性地看待消费方式。节俭的人散发出一种光芒，应该得到人们的尊重。一个人拥有了美德，就算是居于茅草屋，就算是没有山珍海味，他心里的宁静与满足也是别人无法比拟的。他保持着自己的特立独行，不会去羡慕那些一掷千金的人们。

第二，一个人花钱的程度应该根据自己的能力来衡量，而且要学会如何理财。如果只是一味地存钱与节省，对于一个就要破产的家庭毫无益处。同理，就算腰缠万贯，也抵挡不住无度地挥霍。想要富裕起来，不能看有多少金钱，而是应该去看他的收入与支出情况。因为，欲望是会不断滋生的，现在的财富永远都是没有办法满足的。其实人们都知道，比如说中了彩票或者能继承遗产的暴发户，他们都没办法让财富永远围绕在自己身边。因为这些人突然拥有了这么多的财富，他们没有经过，就直接得到了结果，因而无法控制自己的欲望，也没办法遏制欲望的泛滥，所以这些财富早晚都会被挥霍一空的。

形势是不断改变的，每一个行为都要注意了解形势，掌控规律。尽管房子和土地是不会改变的，但是价值却一直在变动，所以你必须时刻关注着。就如同你要把大瓶酒倒入小瓶子里一样，聪明的人可以迅速掌握倒酒的方法，而粗鲁的人只会把酒都倒在杯子外面。这就和投资一样，一不留神就会连本钱都捞不回来，我们身边这样的例子太多了。

第三，要小心翼翼，不要随便改变原有的计划。每件事物都有自己的法则，只有观察能力强的人才能发现其中的奥秘。我不懂得如何去种植，但是我可以看到时间对其的安排，我只要按照时间的提示去执行就可以了。我不会建筑，但总有人会知道如何去做，我要做的只是听从就可以了。大自然可以把所有的事情都按部就班地安排好，我们不必操劳烦心。而大自然也通过各种途径告诉了我们其中的法则和道理，我们只要稍微留心，认真地去查看就可以了。如果一意孤行只会自食恶果，我们必须回到规律本身，并且认真地探索与使用。

最后，我们追求的应该是我们了解的，能和我们匹配的东西。不要一味地要求天上掉馅饼。我们真心交友就能拥有友谊，公平地对待就可以换来公正的回应。高素质的军官可以赢得战役，好的丈夫能让家庭美满，诚实的商人一定会获利丰厚。勤俭节约的人会越发地有钱，一掷千金的人终究会和贫困纠缠不清。

所以，我们应该拥有高远的目标，不要随意地用钱来满足自己无法填满的欲望。我们应该把这句话牢记心间：财富的宝贵程度如同血液。正如我们常说“时间就是金钱”这一类语句的时候，我们应当知道这是人们生活的评判标准。

智慧财富

金钱有时候是代表内心的。如果我们能勇敢地投资，那么积少成多，日积月累下来，我们一定可以得到丰厚的回报。

其实，如果我们要经商，就应该知道吸纳资本是最关键的一条，然后再进行投资。即使已经是残渣了，也应当搜集起来，提炼出最后的一点使用价值。利润也不是商人们消费的资本，而应该进行再次投资。享乐是十分容易的，但是毁灭也是十分快速的。这样说来，难道我们就不应该去消费，而应把资本永远放在自己的口袋里吗？其实这样也是不对的，我不是说反对消费，而是觉得消费应当是有目的而非胡乱的，应该节制、适度。我们要知道，去消费，是为了更好地发展。

我所说的大智慧，是一种更高层次的财富观点，不单纯是节俭，而是我们一旦满足了自己的生活，就要开始尝试着去投资，让财富不断地扩大。我更期待的是人们能把钱花在丰富自己的精神层面上，而不仅仅是在物质方面得到自我满足。人们口里的富裕，也并不是原始的野性得到了满足，而是看到了自己不断增强的力量从而感到快乐，仿佛自己体验到了生命不断绽放的感觉，因此走上了那条通往光明的捷径。

Part 16

伟大（THE GREAT）

智慧与道德从来是不分家的，道德通过很多伟大的行为来升华。伟大体现在很多细小的地方，或许是拥有强大的知识，或许是拥有强大的力量，又或许是拥有强大的财富。我们要勇往直前地追寻，透过事物的表面去寻找根本，去寻找伟大的力量。

伟大的意义

这个世界拥有一种非常有价值的东西，而且，如果我们拥有的善良和能量越多，那么这种东西也就越有价值。我们追求这个东西的权利是平等的，而且我们追求它是不会干涉他人的，因为，它的类别和阶梯不一样。每一个想要拥有它的人，在追寻的过程中，不仅不会阻碍别人，还能给他人提供一些帮助。这个有价值的东西就叫作“伟大”。它存在于我们每个人身上最朴实的地方，对于那些初生的心灵，它无疑是强有力的刺激。

我之所以崇拜那些大人物，不是因为他们自身，而是因为他们代表着“伟大”。很明显，我们不能对于自己达到的任何一个目标而沾沾自喜，很多时候，我们会做作、脑袋不灵光和对信仰迷茫，但是，我们没有理由绝望。在神志清醒的时候，我们应该毫不停歇地追求伟大。

真正的学者无疑是伟大的，虽然他和战士相去甚远，也不遵循亚历山大和波拿巴的铁血政策，但是他却拥有人类最高级的力量，他创造了人类的文化、规则和艺术。学者的伟大之处在于，他是知识的代言人，当一个人拥有了知识才可称之为“人”。

伟大的智慧

智慧与道德是不分家的。当一个人坚定自己的信念不人云亦云的时候，当一个路人或者菜农拾金不昧但是又不愿意受到表扬的时候，当一名陌生人救起了溺水的你却不留下姓名的时候，他们都是“伟大”的。同时，因为他们伟大的行为让道德提升了许多。那些恪守承诺、表里如一的人，是不会受到命运的羁绊的，还能和命运讨价还价。在阿基米德、路德、塞缪尔·约翰逊身上，可以看到一种不一样的东西，在那些不为五斗米折腰的真正的文人身上，总是散发着不一样的光芒。我们应该坚守自己的观点，跟着天才们的指引，勇往直前，那么辉煌的未来一定会属于我们的。

一个拥有大智慧的人知道，谄媚逢迎只能显示出自己的愚蠢和低下。一个智者也不会抬高自己或者奉承他人。你没必要去夸耀自己的事业或者自己的地位是无人可替代的，也没必要去和别人说自己如何善于交际，而是应该从平时的行为中让人感悟到这些。我觉得，这些话都是没有必要说出口的，结交的任何一个人物都不应该成为你炫耀的资本，阅读过的每一个书名也没必要去告诉别人，因为你平时的言谈举止和待人接物已经让这一切都明白无误了。

如何伟大

年轻人总是认为，如果要真正地成熟起来，就必须去条件艰苦的地方进行磨炼或者成为一名军人。但是，一旦他们了解了，不管他们的角色是一名父亲，还是学生，或是职员，所具备的勇气不会比在那些艰苦的地方少的时候，他们就会知道如何去做了。

年轻人很不能理解站到现实的面前去交流自己的思想与见解。我能想象，让 10 个人每天写日记，可能有 9 个都不会去诉说自己的思想与见解。换句话说，他们更容易去窥探别人的道路与思想，却找不到自己的方向。

伟大的人在面对那些让自己的缺点暴露无遗的谈话或者书本时，他们也不会隐瞒自己。他们不会去计较名声这种外在的东西，他们重视的是真正的知识与善意。安东尼说过："如果你认为这幅画很美丽，那么作者是谁其实并不重要。如果这句话是很有意义的，那么出自谁口也无关紧要。如果这件事意义非凡，那么出自谁手一点也不重要。"

人们对于那些让他们崇拜和赞叹的人物或者书本的喜爱是溢于言表的。一个精神的导师，时时刻刻都在用恰当的话语和行为让你受益颇深。选择了正确的适合自己的道路后，应该勇往直前地去追寻，这样可以让一个人越发地伟大起来。人生一辈子，我们所遇到的所有人，都能在一些地方给予我们好的指导。换句话说，能从别人身上获取得越多，我们就越伟大。

在性格不一样的人面前，伟大能够照射到任何角落，不会仅仅在衣冠楚楚的人群中。我们对于拿破仑的特征是可以随口说出的：他不大方，公正也离他很远，但是他学富五车，懂得自然界的法则。他的自信心无比强大，他审视事物的眼光独一无二，所以我们对他是崇拜的。他看事物不是停留在表面，而且能够一语中的抓住事物的根本。不管是一条路，或者是一杆枪、一个人，还是其他，他的观察都能细致入微。他遗留下来的许多警世名言涵盖了各个领域。他对任何事情都喜欢亲力亲为，如果他需要一份计划或者战略部署的时候，他会让自己的头脑不停地转动，就像他自己说过的“聪明才智和魄力一定要用到任何地方。”他的自信是无人可比的，他相信自己的观察与断定：“不去管别人的言辞，我们要相信，一个人完全可以去抵挡坚船利炮。”

我觉得，想要从拿破仑身上受益是很容易的事情，他的许多提示要比那些理论更具有现实意义。他曾经告诉过他弟弟一位西班牙国王的一句话：“如果要给你一个建议，我想，就是你要成为自己的主人。”

知识是一个阶梯，让我们可以越来越接近伟大，拥有的知识越多，自己的罪孽就越少。古英国有这样一个依据：如果处于社会知识相当匮乏的年代，而一个罪犯是学识渊博的，那么大家应该都会原谅他，因为十全十美的人在这个世界上是不存在的。知识让我们开心，能够让我们透过黑暗看到光亮，能够让我们心灵越发地强健。

我们一定要记得的是，那些极度危险的职业，比如官兵和水手，似乎没有我们平时拥有的安定和祥和，可是他们拥有的勇气与果断是其他人所不具备的。

伟大近在咫尺

人类之所以变得高尚和崇高是因为拥有了知识和良知，可是，这两个因素要互相知道彼此、互相磨合，一直到最后完美融合于人生——假如这个人是伟大的哲人。

常常有这样的人，他们学识渊博，志存高远，热情洋溢，他们才是真正伟大的人。伟大的英雄，让所有的人都俯首称臣，并且把他们当成偶像。我们的国家里，这样的人物比比皆是，就像丹尼尔、韦伯斯特、亨利克莱、泰勒等。而英格兰还有詹姆斯福克斯，苏格兰还有罗伯特伯恩，法国还有伏尔泰等。他们伟大的心灵就像这个世界一样。

有充分的事例表明：学者们领悟的真谛是伟大的，他们看重的是如何通过伟大再去创造和收获道理和善意。当那些原本已经被真理和崇高还有善良所浸润的伟大开始运用到顶层的智慧时，世界已经被高尚所洗涤了。

眼光可以让所有东西都改变，伟大存在于我们身边，可我们却不曾拥有锐利的眼睛。植物学家可以随处发现花朵，心里有期望的人能够随时随地都发现有助于自己观点的东西。智慧可以吸引智慧，个性也是如此。

他们就算是失败了无数次，还是急于探索，这就是对真理的渴望。他们首先来控制自己，然后才去控制别人，他们对未来的规划是超乎人们想象的，他们的目标是高远的。我们要找的人就是他们，即现在是伟人或者以后一定会成为伟人的人。

Part 17

历史（HISTORY）

历史因为是记录过去每一天发生的真实事件而拥有重要的价值。它具有简单相同的内在，但外在却是多种多样的。过去的古文明、古建筑、大自然、内心、生活、游牧民族都成为了历史的体现。历史成就了智慧，成就了寓言，它将用尽各种方式来向我们呈现过去的一切。

入口

每个人的心灵都是相通的，每个人的入口都是心灵或者是其他的一切。如果要成为一个社会的自由人，必定要被赋予这样由理性支配的权利。柏拉图脑海里的东西他能想到，教徒们的感悟他也可以体会，他可以为任何人的遭遇找理由。不论任何人，只要进入了这个灵魂内部，所有现存的可用的行动都可以参与进来，因为力量是单纯的、无上的。

心灵的工作被历史记录了下来，人们的精神是在岁月的流逝中被阐述的，只有历史才能说明一切。那些属于人的精神的本事、思维、情感从事件开始时就已体现其中，且一直向前。可是事实总是缓慢的，所有历史故事都存在于我们脑海里，如同既成规则一般。换句话说，规律的诞生都归功于占统治地位的环境，而自然又是单一的，所以规律的产生只能是一次一个。一个人记录着自己所看到的所有事实。橡果心里的秘密可以创造出一千座森林，第一个人的身体里，也蕴藏着埃及、希腊、罗马、高卢、不列颠、美国。千秋万代，从部族到氏族，到城邦、民族、国家、世界。这都不过是分裂的人融入分裂的世界里而已。

人的内心写着历史，阅读的也是历史。斯芬克斯只能自己解开那个谜团。如果一个人书写了所有的历史，那么他的经历就是解读这段历史最好的凭据。我们活着的每一分每一秒都是与以往的历史相通的。提供氧气的空气活在大自然的怀抱中，照亮夜空的光芒发自亿万英里之外的星球，我能保持身体的平衡全靠离心力和向心力。同样，时刻的引路者应该是时代，时代的描述者应该是时刻。每个人都是一个同心的化身，他身上的特点就是同心的特点。他经历的一切也就是大多数人曾经遭遇过的。同时，如果民族遭遇到了什么危机他也不能独善其身。革命的最初都是心里的一个念头，如果每个人的心里都产生了很多相同的念头，那么时代的剧变应该就要开始了。就像改革之初，虽然只是代表着个人的想法，可后来越来越多的人都理解了他的内心，到最后必然可以解决原来的问题。别人口中的情况和他的遭遇要相吻合，才可以让他变得更加可信。能够理解的是，我们在交流的时候，一定要变成希腊人、罗马人、土耳其人，传教士或者君主，卫道士或者流氓。这些形象是不会单一存在的，它们总是能和某种实体紧紧相连，不然，我们就不可能从他们身上得到成长与进步。我们遇到过的那些人，其实都是一样的。都是让心灵膨胀或者变坏的人。新法令的颁布，政治运动的开始，对任何人都是有意义的。你面对这些旗帜说："我善变的本性被它们严实地遮盖住了。"这让我们自以为是的坏习惯得到了纠正，同样，我们能客观地去看待很多东西了：

巨蟹、白羊、天蝎、天秤、水瓶，这些都是黄道十二宫的标准，而这些意象名词身价陡增。同样，在所罗门、亚西比德、卡提林这些前辈的身上，我似乎发现了自己的罪行。

价值

普遍的特性让不同的人和物也拥有了自身所该有的价值。有这些普遍特性的人是神圣而不可侵犯的，我们还通过法律去保护。因此，所有的律政都有其存在的意义，所有的律政都多多少少地显示他们拥有的、顶层的、无穷的精髓。与普遍的事物一样，财富也在心灵中占一席之地，并且分量挺重，所以出于本性，最开始我们会利用权力和律政以及广阔而繁杂的工具来控制它们。哪怕对这一事实只有一点模糊的认识，就相当于我们的整个白昼有了光明，就相当于提出了最高的要求，就相当于教育、正义、慈善的呼唤，就相当于友谊、爱情、自助的基础。更应该提一下的是，我们浏览文字时，总是单纯地认为自己和别人不一样。历史，诗人，故事者，他们笔下最为壮丽的场景，出家之人和君主的居所，天才的意志凝结，从未使我们失望，从未使我们有侵入他人领地和高不可攀的感觉；反是看到他们雄浑的笔触时，我们更觉得轻松安逸了。莎士比亚口中的国王的故事，就连在苹果树下玩耍的小孩子都觉得这些会发生。因为一定会有人为我们制定律政，为我们作出壮丽的探索，打败对抗我们的敌人。如果是我们在那样的情形之下，一样也会像作品中所描述的那样为之欢呼不已。

对形势和性格我们有着同样的判断和兴趣。我们尊崇富人，因为从表上看，富有的人更具备自由、权利和风度等特征，而这些特征我们默认为是人类本来就该具有的，亦即我们也该具有的。因此禁欲主义者、东方人或现代作家所讲的关于聪明人的性格，在每个读者看来，都描写的是他自己的观念，描写的是读者自己暂时没有达到但是最终会达到的自我。所有的文学作品都描写了智者的性格特征，这一切描写都是画像，所有的读者都能从中发现自己正在努力形成的面貌，沉默的人和善谈的人都在内心称赞他、呼唤他，无论走到哪里他都会被提及或暗中关注，这使得读者在阅读中自我构建自己，并为此兴奋不已。所以，一个真正有进取心的人绝对不渴望别人在谈话中提到自己、赞美自己。并不是说他对赞美自己的声音充耳不闻，而是他知道别人赞美的不是他这个人，而是赞美他所追求的性格品质，这些誉美之词听起来比赞美自己更加甜蜜，充斥在人们谈论性格的每一句话中，甚至就连宁静的自然、崇山峻岭、日月星辉都暗示出了赞美，表达出了敬意，流露出了爱恋，所以只有极少数的人才能不为这种赞美所动。

这就好像是深幽的下意识透露给我们的暗示，我们应该在清醒的时候用好它。学生应当是主动而非被动地去阅读历史知识，他应该把自己的人生当成历史的正文，把所读的书籍作为脚注。缪斯就可以对这样的人发出神谕，而对不尊重自我的人则噤声不语。如果某个人觉得古代英杰在彼时所做的事比他自己正做的事更有意义的话，那我对此人能正确阅读历史持怀疑态度。

存在

这个世界存在的意义，就是为了教育人们。历史上任何时刻，任何的社会形态，所有的行为方式，都和每个人的生活有某种相符之处。每一件事物都倾向于用奇妙的方式来简化缩略自己，并且可以把自己的美丽贡献给大家。每个人都理应去阅读他可以阅读到的全部历史。他若想免受到国王贵族的欺凌，就必须不出家门，但他却可以通过阅读，在心里把自己构建得比世界上的所有地理、所有政府都要伟大。阅读历史一定要养成并保持住一种崇高的立足点，让事实透露出它们隐秘的意义。事实上，描述历史的诗歌和历史的正文记载都差不多，时间把历史事件的棱角磨碎使其化为闪烁的辞藻。没有一个真实的船锚、缆绳或桅杆会使一个事实永远是那一个事实。巴比伦、特洛伊、泰雅、巴勒斯坦，甚至早期的罗马，都已快成为传说的故事了。伊甸园从开始时的地名，到后来已经仅仅是各个国家的诗歌了。在我们把一个传说或事实制成一个星座悬挂在天空中，把它立为不朽的标志时，谁还会关心真正的事实如何呢？“历史是什么?”拿破仑说，“不过是意见相同的一则寓言罢了”。埃及、希腊、高卢、英国、战争、商业的痕迹无所不在地充斥于我们身边，就像争奇斗艳的花朵和琳琅满目的装饰品，有些是严肃的，有些是戏谑的。对于这些虚浮的表象，我不想再做过多的关注，我更重视永恒的价值。在我自己的心灵里，我相信自己能够发现希腊、亚洲、意大利、西班牙和英伦三岛，发现每个时代和每个时代的天才以及创造天才原理。

许多历史大事总是因伴随着我们个人的历史而被提及，并且被证实是真实的。就这样，主观成了所有历史。严格来说，没有过去，只有记录。所有的心灵都要独自承受学习这门课程，要了解所有地域。人们没见到的，没有经历过的，是不会知道的。为了方便管制，上一个时代早就把一些东西归纳整理为一句名言或者一个准则，但是它的面前横亘着一面墙，我们的内心无法证实它的好处。当在某些时间和地点，心里渴求这方面的补偿，而且一定可以得到时，那就自己去做这样的工作，比如弗格森不但发现了很多人耳熟能详的天文知识，而且他自己也从中受益匪浅。

印记

如果历史不这样，它就毫无价值。国家法律对应的应该就是人类的每一种本性。所以，所有事情的必要性都可以从人的身上看到，看得出人可以如何，必须如何。我们对待事情应该秉持这一态度，比如那些演说的政客们，那些凯旋的军官们，能够为了理想而牺牲自己精神的人们，隐藏着的恐怖分子，沉迷宗教的狂热疯子，假设我们在同样的氛围之下，受到的熏陶应该一样，那么我们的成绩也应该一样。让精神成为我们目标的导向标，然后是我们的伙伴。

古代的那些寻找，比如金字塔，被遗弃的城堡，“悬石坛”，“俄亥俄圆圈”，古巴和巴拉圭的所有期待心情，我们称之为欲望。要让这些蛮横、奇怪的“那地”和“那时”消失殆尽，而让“此时”和“此地”取代它们。贝尔佐尼长时间工作在底比斯的木乃伊巢穴和金字塔里，他挖掘，测绘，直到最后，他知道了这奇怪的工程和自己相关的地方。最后，他相信了自己开始的推断，让这个工程存于世上的人和他其实是心灵相通的，用了相同的工具、具有相同的目标，而且工作目的也和自己一样。所有的答案就在这个时候公之于世了。他所有的思维都附在了那些建筑上，比如寺庙、狮身人面像、地下碑林等，当他行走于其中的时候，它们就在他的内心活跃了起来。换句话说，他变成了“此时”。

哥特风格的教堂出自人类之手，它虽不是我们修建的，但它确实是人修建的。虽然我们这样的人没办法创造它，可是我们对它的建造历史非常着迷，我们把自己放在了建造者的位置上，我们想起了那些居住在森林和寺庙里面的人，然后让自己保持最初的状态，后面的点缀都是随着国家财富的增长而增加的，许多木头因为被雕刻之后价格翻涨，很多石头也被运用在了教堂之上。我们知道了这样的过程，再加上天主教，那些十字架、乐律、排兵布阵、节日和偶像，这样一来，那个建造大教堂的人就是我们了，他在我们眼里已经成形，我们也知道他会如何，我们有十足的把握。

人与人之间千差万别，因为他们信奉的原则有着巨大的差别。物品有很多种，颜色也不尽相同，更别说大小、外形和其他了。人们喜欢对它分门别类，可更多的人是根据它们的内在或者因果关系区分它们的。人总是会变得越来越聪明，所以内在一定会越来越被看透，表面的东西会被忽略，在诗人、哲学家、教徒眼里所有一切都是善良的，都是至高无上的，都是能让人们受益匪浅的。新的一天都是伟大的，而我们每个人也都是伟大的人。我们看重生活，对遭遇置若罔闻。内在是一致的，外表却很不相同。是每一种物品、动植物、微生物在它们成长的过程中让我们明白了其中的道理。

大自然

大自然孕育了万物，它温暖，不停歇，如同天上的云朵与呼吸一样。既然我们周围都充满了它，那么那些所谓的愚蠢的研究也没有必要再进行了，就只有几种形式会被夸大，我们也没有必要看重时间以及高矮和外貌，灵魂是不会懂这些的，天才知道如何去运用规律并知道如何去调侃他们，就像孩童和老人们的游戏，也像教堂里的玩乐。那些偶尔才会出现的东西，天才们很感兴趣，而且会进入事物最鼎盛的发展时期，他们能感知天体的万丈光芒，知道它们是如何照耀大地，又是如何折射四方的。天才们总是用许许多多伪装的办法关注着单原子元素，能够理解它让自然界轮回和重生的原因。天才们通过许许多多的生物看透了永远不会改变的个体，通过个体了解了不会改变的种类；又通过种类，了解到了纲领；又透过纲领，看到了种族；还透过了所有生命的结界，了解到了不改变的统一。自然是永远不会改变的彩虹，它一直都一样，但又是不一样的。它就像诗人的思想，最后流出的是很多不一样的寓言故事，而且能把思维锻造成许多不同的外形。物质和精神其实是相通的，精神又是可以随时转变的。外形坚固的物体碰到了它就改变了形状，可在我的眼中，它又变得不一样了。形式的善变超越了物质，可它永远首肯自已。对于人的周身，我们观察到的是各种痕迹和提示，我总觉得他带有很强的奴性，但是反映在人的身上却又显得雍容华贵。就像那个化成了母牛的埃及女神，这是让人无法置信的。可是那个埃及女神瞬间的变化是当她碰到了奥西里斯的时候，她瞬间美艳无比，没有任何变化的痕迹，只有一对美艳的牛角作为她绝美的装饰。

历史的内在都是相同的，多样的都是外在。事物有很多种的外在样貌，内在原因却是很简单的。一个人的行为是多种多样的，但是透露出的性格却是相同的。看看那些希腊天才们的信息，他们记录了民族的文明，记载了他们的言论和所为。透过他们的文学，我们了解到了民族心灵的各种表现，就像在诗歌、文字、戏剧里面的每一种形式。同样的心灵也反映在建筑里。它本身是美不胜收的，但是它又有局限，比如直线构造的图形。其实雕刻里也透露着它的影子，是那种“欲言又止”的感觉，它有着丰富多彩的外形，豪迈奔放的行为，但是又有志存高远的安静，就好像那些跳起舞来的信徒们，即便是疾病缠身，即便是浑身伤痛，也不会让他们的舞蹈形态表现出任何的不美好以及礼仪有任何的越轨行为。所以，对一个民族的天才，我们的表述非常多，但是就视觉上说，应该没有什么比一首赞美诗、一个怪异雕像、毁坏的石柱和怪老头的奇怪行为更加地不沾边了。

相貌

每个人都有各自的外形和样貌，虽然它们相去甚远，但是观察它们的人却觉得一样。一张画和一首诗歌，就算是它们没有让描写的形象活灵活现，但是也让人们有了一个大概的轮廓，虽然这样的感觉不是很清楚，因为我们无法去理解它内在的神秘。自然界总是重复上演着各种排列法则，她嘴里唱着的是古代民谣，但是曲调却转变异常。

所有出自大自然之手的作品都像一家人一样极其相似，她把那些相似隐藏在人们最意外的地方。我感觉到很奇怪，一个森林里老酋长的头让我联想到了光秃的山丘，额头上满布的皱纹让我想到了厚重的岩石。有些人举手投足之间就透露着贵族之气，就像古希腊神庙里面那些让人尊敬的雕像，还有最古老的希腊艺术遗像一般。每个时代的书籍都透露着相似的作品，圭多的《曙光女神》只是早晨的想象，就像里面的马儿只是早上的云彩而已。如果有人不怕麻烦，能够看到他心情里许多复杂的情愫，那他就可以看到其中相关的奥秘了。

一个画家说，如果你不想成为一棵树，你是无法画下它的。如果你只是看到了小孩的外形，那么你也无法画出他，必须看到他的生活由此进入他的内心，才能随心所欲地把你想要表现的孩童跃然纸上。所以有罗斯“了解一只羊的内心世界”这样的说法。我知道一个绘测员，他受雇去做基本的测量工作，但是他觉得一定要把那些岩石的内在给他描述得很清楚，他才可以把岩石画下来。不相同的工作都是从同一种状态开始的，内在是一样的，但是不一定表现形式相同。艺术家可以让人们的灵魂去旅行，靠的是对生活深层次的感受，他的绘画技巧其实无足轻重。

人们说："靠劳力还账的都是低俗的灵魂，高尚的灵魂可以通过自身谋取利益。"这句话有什么意义呢？因为迷人的内在可以让他的行为和说辞以他的外在和表情把我们内心深处的悸动唤醒。

不管你从任何的历史角度去阐述，我们都不可能跳过个人，不然就是白说。所有的东西都让我们兴趣倍增，所有东西都与我们有关联，君主、楼房、花草、牛羊，甚至是旗杆，人代表着所有生灵。而教堂所体现的则是信徒的感受，一次远航一定是出自船家的真心。如果我们可以剖析一个人体，那么他的作品的一笔一画是如何来的，都将被我们看得清清楚楚。就像鱼身上的鳞，色彩缤纷，好似它原本就存在于体内。所有那些道规法门都隐藏在礼仪之中，如果你的名字出自一个优雅人之口那一定动听无比，甚至比达官贵人的头衔还要悦耳。

生活

生活里那些烦琐的经验总是能让我们知道那些古老语言的真实性，还能把我们左耳进右耳出的话和过目即忘的事情变成现实。和我一起骑马的女士说过这样一句话，她觉得森林在等待，好像精灵在里面已经停止活动了，等待着路人走过一样。这样的说法其实在早期诗歌里经常见到，人们越是逼近，脚步越是停不下来。如果有人看到半夜的月光冲破云层的阻挠洒向大地，那么他的眼睛就如同天使一般看见了光明和世界是如何被创造的。我总是记得在夏日田野中，我的小伙伴让我看到了那一朵和地平线相平的云彩，宽度适中，但是像极了壁画上面的小天使，圆块位于中央，眼睛和嘴巴是非常容易添加上的，这样他就活灵活现了，同时他还有一对让人羡慕的大翅膀，天空中划过的东西可能会偶尔显现，它应该是人们常用的装饰品。而我原来在夏日夜空看到的闪电告诉我的是，希腊神话中雷神的武器是如何的，其实就是来自大自然。我看到石头两侧的积雪，让我想到了城堡两侧的那个装饰吊坠。

只要是在最原始的环境，那些建筑装饰和形状都是可以被重新创造的，因为各个民族在我们眼里都是把自己最原始的住处拿来翻新，希腊的古神庙有希腊人房屋的建筑风格，而中国的塔尖明显遗留了鞑靼人帐篷的风格，印度和埃及的庙宇所透露出的是他们祖先坟屋的痕迹。“天然的石头是他们建造房屋和地窖的天然用料。”黑伦在《埃塞俄比亚人研究》这本书中说道：“宏大的规模让古代埃及和努比亚的建筑风格自然而然地形成了起来。在那些天然的溶洞中，眼睛看到的都是硕大的造型，所以，艺术烘托自然，如果不是自己卑贱，那么小气也无从谈起。殿堂的规模是宏大的，守护在柱子旁边的一定是巨人或者神明。所有整齐规划的门厅和走廊，和那些一般大小的雕像排列在一起，会出现怎样的神态呢？”

森林里面枝叶繁盛的树木如果被改造成一个安静从容的走廊，那么哥特式教堂的起源也就显而易见了。因为那个代表性的枝叶形象还出现在拱桥的长廊之中，任何人在松树林中开辟道路，都会觉得似曾相识。特别是冬日，光秃秃的形象让松鼠的门槛越发地低了。如果冬日的午后，我们在树林里，我们就很容易知道哥特式教堂为什么会那么绚丽多彩了。西方天空的色彩能在林立交错的枝叶中被发现，一个崇敬大自然的人，如果走到了牛津的建筑群或者希腊神庙群中，那么森林的被征服感一定会油然而生，他手里的任何工具仿佛都是为了能在森林里劳作而出现的。

游牧民族的历史

教堂其实是石头上的花，但是人类一直不停地要求和谐，这无限美好的春光一定是被节制的，漫山遍野的石头汇聚成了一朵永不衰败的花朵，它让植物美不胜收，更让柔和与细腻合二为一。

与此相同的是，所有公众的事物都应该独一无二，所有的个人任务都应该简单明了。所以，历史在不断变动的同时，还要保证它的真实状态，传记已经变成高尚又深沉的了。波斯建筑里变化的柱身和柱头是模仿了荷花的茎和叶的结果，所以，波斯皇宫在辉煌的时代也没有忘记部落的原始生活，他们在城郊过了春天，然后于盛夏迁徙到海边，然后再到温暖的南方过冬。

在很早的历史中，游牧和农耕是不同的生活方式，而亚非的环境决定了他们必须过着游牧生活，可是那些拥有了坚实土地和建立了自由贸易市场的人们就对游牧民族很是忌惮。因为游牧生活让国家产生了动荡的因素，所以农业变成了必须执行的指令。在英美等大国，这些倾向出现在国家和个人身上，并且不间断地战斗着。牛虻袭击非洲后，让人们流离失所，那些受危害的牛群被迫在雨季迁徙至很高的尘土地区。而欧美地区的游牧人民，则是由于商业因素或者猎奇心理，因为从牛虻演变成了英国和意大利的狂热分子，这本身应该就是进步了吧？那些必须去圣城朝拜的日期、严格的法律和习惯，帮助民族之间建立起了联系。但是这些成了那些漫游者之间的约束了，居住久了安定下来但却无法远行这敌对的两种感觉在每个人的身上都体现得淋漓尽致，有时候愿意去冒险，有时候想要安稳的日子，而决定因素应该是看内心深处的倾向吧。如果你体质强健，心理健康，那么你就可以很快地适应环境。他在自己的坐骑之上，走南闯北，不论在什么地方都是非常开心快乐的。在海边，在森林中，在沙漠里，他的睡眠依旧沉实。吃的开心，交谈欢娱，就如同在自己家里的火炉边一样。不然，他的聪明就一定是一直被隐藏在深处未被觉察，不论他的眼睛所到之处是否是明白的，但是都可以让他兴奋。游牧民族时常是饥饿不堪的，如果游牧民族的精神得到了很大的提高，那么那些琐事与麻烦事就会占据他们的内心，而让他们无法安静下来。从另外的角度来说，如果我闭门不出，我觉得是节约和愉快的，这一切似乎都让生命有了力量，但如果不引进一些外面的东西，他就会逐渐走向单调和沉迷。

人的眼睛看到的都是他内心所折射的，当他将自己一直在发展的思想植入一件事情或者一些可以看见的事实之中的时候，所有的东西对他而言，都是可以理解的。

典范

原始世界是关于德国人口中的“上个世界”，我可以从自己身上得到很多结果，就像我可以用搜寻的双手在地下洞穴、图书馆、废弃城堡的残壁和已近衰败的雕像上搜寻他一样。

所有人都对希腊所有时期的历史、文字、艺术、诗词着迷，从“英雄时代”或者“荷马时期”到许多年后的雅典人和斯巴达人的居家生活，这种兴趣的来源是什么呢？是因为大家都经历过所谓的希腊时代吗？希腊时代可以用肉体来形容，也是把感官推到制高点的时代，是把精神自然和身体语言全部都展现给人类的时代。生存在这个时代的人们让艺术家们找到了创作赫拉克利斯、菲玻斯和朱庇特的灵感和原型。与那些轮廓都很模糊的雕像进行对比后可知，他们五官分明，轮廓流畅，眼睛的构造都和现在不尽相同，他们的眼睛不可以斜视，要看向哪方时必须把头转向那边，那个时候人们讲究的是率性与奔放，人们崇拜的个人英雄是勇敢、言辞、自控、正义、能量、敏捷、声如洪钟、胸膛广阔。人们无法定义奢侈和风雅的含义。由于人口缺少、生活贫困，因此每个人都会为自己打工，让自己的身体越来越强壮，并且有很多神奇的事情会发生。荷马史诗中很多英雄就是这个样子的，色诺芬在《万人大溃退》中对同胞和自己是一视同仁的：“当我们跨过了亚美尼亚的泰利波斯河的时候，大雪纷飞，许多战友都被冻僵，只有色诺芬挽起衣袖在雪地中拿起斧头砍柴，于是，战友们也都爬起来，和他一起砍柴。”在这个军队里，每个人说话的权利是平等自由的。为了自己的利益与别人争辩，为了那些新的命令，他们与将军争论不休。色诺芬能言善辩，胜过许多人。所以人们对他抱怨的时候，他一定会为自己申辩。能力强的人，一定是信守承诺、遵守纪律的人，而这样的人一定是非常优秀的。

古代悲剧最迷人的地方，也可以说是古代文学最迷人的地方，就是剧中人物说话的朴实性。言辞之中，感觉都是很睿智的人，但是自己却没办法知道，那个时候自我反省还没有能够让心灵沉静下来。我们推崇过去，但并不能够说明我们沉迷于过去，我觉得应该是尊敬自然。希腊人不会检讨自己，可他们拥有完美的感官和肢体，他们的体质结构也完美无缺，成年人还能拥有孩童的天真与无邪。他们制作了花瓶，书写着故事，进行雕塑，都是按照已经设定好了的做法去做，也就是说，都是高雅的。那些东西每个时代都有人在做，现在也是，他总是跟着健全的体魄走的。然而作为另外一种情况，从他们非凡的构造来看，他们都是不同于别人的，他们让成年和孩童合二为一，而这样的风格又是让人沉迷其中的，而他们又恰恰具有这样的风格，因为，每个人都有过美好的童年。

人类的行为

很多人都认为，一个能把孩子的纯真与青年人旺盛的精力融为一体的人一定是希腊人。其实我自始至终都认为有这样一种本色被保持着，希腊人总是能够拥有孩子的淳朴和年轻人无限的精力，他燃起了我们对爱情的渴望，菲洛克忒斯的爱情态度让我非常崇拜。我阅读了许多关于沉睡、星星、矿产、山石、海浪的精彩言辞，似乎觉得时间就像海水一样慢慢消逝，觉得人是永恒的，思想也是一成不变的，就好像培养希腊人的培养液，是我的好友，星星太阳，冰雪雨火，都与他的内心密不可分，也和我的心连在一起。这样一来，人们就说出了希腊人和英国人不一样的地方，也说出了古典派和浪漫派的区别，而这样的论调也就有点不切实际了，当柏拉图的思想和我的思想合二为一的时候，就像当灵魂的火焰点燃了真理的同时又点燃了我的灵魂的那一刻，时间慢慢离我们远去了，当灵魂超越时空相遇后，我们两个人的灵魂也是一致的。或者说，已经合二为一的时候，那些测量和衡量维度的原因就显得没有那么重要了。

学生们脑海里的骑士时代就是他们认为的骑士时代，用他自己的亲身经历来说明海上探险和环球远航。对于世界宗教的过去，他拥有一把钥匙，从遥远的地方总是传来一个遥远的声音，诉说着他童年的无奈和青年时期的祈祷，它会冲破混乱，扰乱制度，让真理显现。

那些稀有但是又放肆的精灵们一次次地出现在我们中间，不断地给我们揭示大自然的新的事实。我看到上帝的使者经常在人间行走，让平凡听众的心灵感知他们新的使命。男女祭司们显然都是受了神的感召。

耶稣让所有耽于感官享受的人非常惊奇，也让他们害怕。他们没办法把所有结合起来，或者让他们和他进行协调，可是当他们知道了所有的事情，而且认为神圣的生活是高尚的时候，他自己就可以让所有的事情都得到解答。

自古以来对摩西、所罗亚斯德、魔奴和苏格拉底的崇拜其实都是从心里开始的，而且也是容易被驯化的。这些崇拜其实不是远古的东西，一直是他们的，也是我们的。

我们在自己周围就看到了最古老的预言者，而且数次都是如此。我们周围一些人不会劳动，只一味祈祷。一个牧师以上帝的名义去乞讨，那么他一定会在很久很久之后从其他方面得到补偿。

智慧的结晶

东方和西方很多的教士权谋都可以在个人和生活里得到解释，严格的形式主义对一个小孩是会受到很多影响的。会让他变得不勇敢，让他的理解能力直线下降。可是这不会让那个孩子增加智慧，只会让他越来越害怕，而且一定会得到同情——这是很正常的，孩子们一定会慢慢明白的，他们知道人们小时候也是一个孩子，那些名字和形式被各种东西奴役着，那些奴役他的是一些名义上的工具。而眼前看到的一切让他们知道了大力神被崇拜的原因，知道了金字塔是怎么建成的，知道了所有的劳动和苦力其实都比不上教育的现实意义，他们发现了规矩的制定者和执行者其实是同一种族的人。

另外，很多成熟的人都会对那些迷信思想提出不解，所以他们的做法都追随了那些古代的改革家，他们追求真理的同时，也慢慢地出现了道德的沦丧，他们再一次知道，需要很强大的力量才会取代这样的迷信，改革的背后，总是会出现一个动荡的年代。历史上也会有很多这样的情况出现，革命家其实也都知道自己越发地不诚恳了。“为什么诚信在我们的这个时代越发地少而且又冷淡了呢?”马丁·路德·金的妻子这样问过他。

思想上进的人能发现文学、历史和寓言，这其实是一笔丰厚的宝藏。他知道诗人描写的东西是千千万万的，不论如何，都可以让普通人的内心感到震撼。他把自己的秘密隐藏在诗歌里，他知道所有句子的底细，虽然那一切都是在他出生之前写下的。但是他经历的所有的一切，都是一个著名的寓言故事，而且他自己一定会通过双手和头脑去验证。

那些寓言都是希腊人智慧的凝结，而不是通过幻想得到的，所以都是真理。普罗米修斯的故事是广阔而且恰当的。他的历史是欧洲历史的序幕，这仅仅是他的意义的一点，他还会描述宗教的历史，而且后世的人也会敬仰，他就是神。

历史中的自我

人类的朋友是他自己，他永远处于“公正”的位置上，他愿意忍受一切的苦楚。或许和许多的教义有出入，和许多神明的挑战也有出入，这里的一切都是精神的代表，不管在什么地方，只要人们的语言或者行为在宣扬有神论，这样的心态就会一直出现。似乎是出于自卫，对一种谎言的抗拒，让人们不相信只有上帝这样一个神明存在，而且认为信仰这样一个神很麻烦。如果有这样的可能，他会去偷火，和上帝对抗，脱离一切自己生活。《被缚的普罗米修斯》是充满怀疑的浪漫故事，这样的语言让每一个时代都充实。诗人说：阿波罗曾经是牧羊人，可是在神明降临人世之前，没有人知道的，耶稣不知道，苏格拉底也不知道，更别说莎士比亚了。安泰俄斯死于凶手赫拉克勒斯，不然他就总是会在触碰大地之母时获得力量。那个被制服的巨人就是他，他总是很衰弱，他的身体和精神是会通过大自然交流的，从而去获得活力。音乐和诗歌是力量无穷的，好像是永远都飞翔在天空里，而且奥菲斯的谜语也有了答案，哲学可以让不断变化的事物看到相同的地方，那就说明了许多东西其实是不断变化的。如果我不是一直在变，那么我是什么？我哭着、笑着，我睡着、醒着，我站着、蹲着，那么我还是什么？我看着所有的一切，世间万物不都是不断变化的吗？我以所有的生物和事实来让我的思想得到印证，因为大家都是彼此的替身。坦塔罗斯其实是一个名字，但是它无法让我们想到它其实是一种饮用水，虽然它无法一直闪耀。灵魂的转变一定不是寓言的，但我其实希望它是的，男人和女人各为一半。庄园、田地、森林、海里所有的生物，都想成为自己的个体，让自己有一块栖息之地，而且留下印记。啊，我的兄弟，不要让灵魂越发地堕落了，他真的在堕落，这么多年来染上许多恶习。我们其实可以运用，行人们都在猜谜语，如果猜中，斯芬克斯就会马上死掉，如果猜不中那么行人就会被吃掉。什么是我们的生命，不过是有了一双翅膀或者是不断地跳跃而已。他总是有很多疑问，很多人用优越的智慧都无法回答，他们就是需要被服务的，这些人其实是被负担的，要压制、控制，让他们按部就班。要让他们彻底被征服，即使他们身上仅有一点闪光的火花也要被熄灭掉，只要他们忠于自己最初的本能就好，不要让事实统治一切，就像是高等种族的人，其实他们与灵魂仅仅是相依的，而且可以知道原则，这些故事一定会延续下来的，而且得到各自的需求，他们归于自己的主人，甚至是平庸的人也会得到光彩。

历史的著作（一）

词语都代表着一些事情，透过《海伦娜》我看到了许多的渴望，他总是说，喀戎、格里芬、勒达、海伦，对心灵的影响都是深远的。当时，他们就是一直存在的，今天其实就是奥林匹克竞技这样的真实。反复地琢磨后，他们知道了自己的风格，而且他们一定是有血有肉的。虽然很多地方就如诗歌一般，可是他们却让同一作者写出了更加具有吸引力的剧本，它让人们的心灵不再循规蹈矩——开始大胆地生活了，让创造力得到升华。

就诗人的天性而言，宇宙的天性力量太强大了，它骑在他的脖子上，用他的手写作，因此诗人有时候要表达一种纯粹的随想或疯狂的浪漫史时，实际上却成了不折不扣的寓言。所以柏拉图说："诗人说出来的至理名言，就连他自己也搞不懂。"中世纪所有的虚构故事意义都很明显，其实作者只是把当时的心灵严肃认真、辛辛苦苦去追求的东西用一种隐含、嬉戏的方式来表现出来而已。魔法以及人们认为它所具有的一切神奇能力实际上是对科学力量的一种深刻的预感。飞鞋，神剑，与天地斗争，能利用矿物的秘密功效，能通晓鸟语，诸如此类，都是心灵朝正确方向作出的模糊的努力。英雄的神威，永葆青春的神力，这些事都是人的精神企图，"是事物的外观符合心灵的愿望"的努力。

在《穿林》和《高卢的阿马狄斯》中，花环和玫瑰会在忠实的女人头上绽放，在背信弃义者的额上则会凋谢。在《男孩和披风》这个故事里，即使一个老练的读者对温柔的维内拉斯的胜利也会感到惊讶，并表现出真诚的快乐。实际上，一切关于小精灵们的假设——她们都不喜欢别人叫她们的名字，她们超凡的能力都是变幻无常的，寻找宝藏的人一定不能讲话，诸如此类，都是不值得信任的。我发现在康克德身上如此，在康沃尔或布列塔尼身上同样如此。

最新的传奇是不是情况有变呢？我读过《拉马摩尔的新娘》。威廉·阿什顿爵士就是代表一副粗鄙诱惑的面具，雷文斯伍德·卡斯尔则代表骄傲的贫穷，有着对外使命的国家只是一个样式的伪装的诚实企业。或许我们大家都会射杀会毁灭善与美的野牛，办法是克服那些不义和淫荡的东西。路西·阿什顿是忠诚的别名，她的美丽是永恒的，哪里出现灾难，她就出现在哪里。

历史的著作（二）

虽然历史在不断进步，但人类的历史其实都是一样的，人类的纲领其实是世间也是大自然的产物，他的力量存在于广泛的关系里，因为他的生命让有机物和无机物的整个生物链结合了起来。在古罗马，每条道路都可以通向帝国的省城中心，让首都的军队可以走到每一个乡镇，这样，也让人们的内心延伸出了很多的大路，让自然界进驻所有物体的心里，迫使它们向人类屈服。一个人的关系是很复杂的。花开花谢，播种结果，这就是世界，天赋和自然的关系是紧密的。他要知道自己住的世界，就是鱼能感受到水，小鸟可以感受天空，如果世界不存在，人类也就不会出现了。如果拿破仑是在监狱里，那么他的本领就不会得到发挥，无法作出任何建树，只能泯然众人。如果能够让他在广阔的地方处理利弊关系、统治军队，你就会发现，你看到了真正的拿破仑，或许你可以说看到了塔尔伯的影子。

这不是他的本质
你看到的只有
微小的尘埃
如果所有的都在你眼中
那么肯定是高大的。
你也无法安放他
——《亨利六世》

哥伦布是需要一个地球的，所以他有了航向；在无数个还有星球的年代里，你可以说牛顿的心灵已经看到了整个太阳系；戴维或是盖·吕萨克的大脑自幼就对那些微粒的变化非常感兴趣，也知道了定律；胎儿的眼睛是可以看到光明的，韩德尔的耳朵也能体会到和声的美丽；瓦特、富尔顿、惠特摩尔、阿克莱的建设性的手指可以让金属、岩石、土木的所有本质公之于世；小女孩能够让文明社会的所有一切都变得优雅，人和人的一切都是有动力的，人一直让自己的思想沉思，他认识到了自己，也让许多还有爱情的故事告诉了他许多道理。如果一个人总是温文尔雅，没有暴怒，没有雄辩，那么他是不了解自己的。没人可以知道自己的经历，猜测这样新的事物需要很多能力和感情，就像人无法在第一次和别人见面时就画下对方的画像一样。

历史灵魂的呈现

我不想再继续用相同的论点探讨相同的理由。不管怎样，阅读历史与行事处事都需要参考两件事。就是说，心灵是完整的，也能够陪伴。其实，有这样的一点，也就够了。

所以，灵魂采取一切方式为每一个学生收集、再现它的宝藏，学生也应当体验这个经历的整个过程。他要将大自然的光线聚集到一个焦点。历史不再是一本无聊乏味的书，它将体现在正义和明哲之士身上。你不用一一告诉我你读过什么书，用什么语言写的，书名是什么，而应该让我感觉到你经历了哪些历史时期。一个人应当是名人殿，他应当像诗人们所描写的那个女神一样，穿着一件绘满奇妙事件与经历的长袍行走着——他自己的体态与容貌有着高贵的智力，将成为那件色彩斑斓的祭袍。我将在他身上发现洪荒世界，在他的童年看到“黄金时代”、“知识的苹果”、“阿尔戈英雄的远征”以及亚伯拉罕的天命“圣殿的修建”、“耶稣的降临”、“黑暗时代”、“文艺复兴”、“宗教改革”，不知不觉有新大陆的发现，新科学的发现和人身上新领域的开发。人将成为祭司，将晨星的祝福和天上人间一切有记载的福利带进世界的每个角落。

这样的要求是不是有点自以为是？那就把它全部推翻吧，我无法假装不知道。我们看中的一个事情好像就是让人们一定要去理解一样，我觉得自己的知识其实是不值一文的。老鼠、蜥蜴、菌类、苔藓，不管从任何的方面去说，我们都无法了解它们的世界，这些生物从世界之初就已经存在了，它们总是在人类身边不说一句话，也不会有人关心它们说过什么，有过什么语言。书上也没有对任何的历史记载说过什么，也不会让化学元素和历史时代有关系。不管怎样，历史记载的有关人类哲学的东西少之又少，根本就没有对“生死”的问题写出过什么有意义的著作，但是每个写历史的人的智慧都是相同的，把事实看成是一个现象，推测我们的姻亲范围。那些我们谈论过的历史，其实都是肤浅的，我非常愧疚，我们嘴上一定要是古典的名城吗？它们并不会对其他的生物做出什么，那些我们生物界的朋友，根本就不会从奥林匹克运动和政府那里得到任何的好处，但是它们经常援助人类，让我们果腹，保暖，生生不息。

历史做了什么记载呢？是否解释过我们隐藏在“生”与“死”两个名词下的种种神秘呢？然而每一个书写历史的人都有一种智慧，能推测我们姻亲关系的范围，曾经把事实看成象征。我们的所谓“历史”只不过是一种肤浅的乡村故事，我看到它感觉很惭愧。为什么我们一定要把罗马、巴黎和君士坦丁堡挂在嘴上呢？罗马知道老鼠和蜥蜴都是些什么吗？对于邻近我们的这些生物体系来说，奥林匹克运动会和法国督政府对它们又有什么意义呢？不仅如此，它们有什么食物、经验，就会提供给猎海豹的爱斯基摩人、乘独木船的卡纳卡人、渔民、码头的装卸工以及脚夫。

我们的天性其实是在中间的，关系很广泛，天性是要被表现的，不只是重复。那些古老的东西，记录的全部都是我们阅读过的自私与骄傲，我们一定要让这个写得更加广博，经过了伦理替换，依旧会鲜活。我知道，那一天到来了，就在我们毫无预知的情况下，我们感受到了光辉，可是科学和文学并不是可以通向大自然的，那些普通的、穷苦的人一定可以更快地感受到阳光的照耀。

Part 18

艺术（ART）

任何艺术的体现都离不开艺术家所处的时代与国家，艺术家与作品之间的关系是无法模仿与去除的。艺术具有众多的优点，能给予人类对美的知觉，并有着一种原始动力被人们所普遍理解与接受，但艺术始终都是源于人的内心而非一种肤浅的才能。

艺术的体现

由于灵魂是不断前进的，所以它一向不怎么自我重复，而是力图在每个行为中都推出一种新的更加美好的整体。在实用作品和美术作品中都多少表现了这一点，如果我们按照它的目的——或者实用或者美，作出通常意义上的分类的话。所以，美术的目的不是模仿，而是创造。在风景画里，画家应该进行一种超越我们了解的更美好的创造。他应该删去大自然的枝节和平凡，只给我们留下精神和壮丽。他应该知道，风景画对他的眼睛具有美，因为它表现了一种对他有益的思想，由于同一种能力通过他的眼睛在观察，所以这一点在那种景象中时就被看出来了。他不会去重视自然，而是会重视这种对自然的表现，所以他的临摹中使他满意的那些特征便被他拔高了。阴郁中的阴郁，阳光中的阳光，将被他表现出来。他必须在一幅肖像画中表现出性格，而不是五官，而对于原原本本坐在他面前的那个人，他必须仅仅看成内在的、有抱负的原型的一幅不完美的画或肖像。

除去本身的创作冲动之外，那些我们在精神活动中所观察到的省略和选择又是什么呢？它们是一种更高的启发——教人用比较简单的象征传达一种较大的意义。一个人除了是大自然自述中的最成功的描述之外，还能是什么呢？一个人除了是比地平线上的形象更美好、更紧凑的一幅风景——大自然的折中主义——之外，人又是什么呢？除了是一种成功之外，他的谈吐、他的绘画、热爱自然又能是什么呢？省去了一切令人厌倦的漫长的空间、沉重的形体，艺术的精神或寓意却被压缩成一句好听的话，或者绝妙的描写。

但是，艺术家必须在他的时代和国家用上那些常用的象征，以此把那些扩大了的含义传达给他的同胞。这样艺术就是不断更新的。“当代的天才”在作品上刻上了他无法抹去的印记，赋予它一种无法用想象来形容的魅力。那个时期的精神特征把艺术家征服到什么程度，在他的作品中得到多大程度的表现，“未知”“必然”和“神圣”就会被他在多大程度上向未来的观众表现出来。对于这种“必然成分”谁也不能从他的作品中排除。没有人能摆脱他的时代和国家，没有人能制造一种跟他那个时代的教育、宗教、政治、风俗、艺术毫无关系的模式。虽然他是前所未有地异想天开、匠心独具，但是他在作品中所产生的思想的痕迹依然是他无法抹去的。逃避正好暴露了他所逃避的风俗，超越了他的意志，远离了他的视野。他所呼吸的空气，他和同时代的人生存和工作的观念基础，迫使他染上时代的风尚，他却不知道那风尚是什么。他作品中注定会有的东西具有一种杰出的魅力，个人才能无法赋予那种魅力，因为仿佛有一只巨手抓住了艺术家的笔和凿子，并且好像在指引着他在人类的历史上画一条线。埃及的象形文字，印度、中国和墨西哥的偶像，都被这种情况赋予了一种价值，且不管它们有多粗糙和不成形。它们表达了那个时期人类灵魂的高度，不仅不是异想天开，反而是由像世界一样深沉的一种必然性造成的。像历史一样，整个现存的造型艺术作品在这里有它最高的价值，也像在这样一种命运的肖像上画的一笔：这种命运很完美，按它的命令，所有生命都要走向它们幸福的极致。

历史中的艺术

以历史的眼光来看，艺术的功能就是教育对美的知觉。我们的眼睛看不清楚我们沉浸在美中，那只好去展示一些个别的特色，好对那蛰伏的情趣进行帮助和引导。我们又雕刻又绘画，或者作为研究形体秘密的学生而观赏雕刻和绘画。超脱是艺术的优点，就是把一件物体从眼花缭乱、纷繁杂乱的物体中分离出来。直到一个物体与很多物体脱离了联系，才会有欢喜和关照，唯独没有思想，我们的快乐和不快乐没有任何效果。婴儿很高兴，但是他的个性和他的实际能力却由他每天在区分事物和处理一件事上所取得的进步决定。一切存在都被爱和激情集中到一个形体周围。某些心灵的习惯就是赋予它们偶然遇到的物体、思想和语言一种排除一切的充实，让它在当时成为世界的代表。这些心灵就是艺术家、演讲家和社会领袖所拥有的。演讲家和诗人的修辞技巧的精华就是超脱和借助超脱加以放大的能力。这种修辞技巧，或者让一件事物短时间内处于崇高地位的能力——在柏克、拜伦和卡莱尔身上有突出表现——画家和雕刻家通过色彩和石头来表现。艺术家对他所观察的那件物体的洞察深度决定了这种能力。因为每一件物体都在总的自然中扎根，当然可以给我们表现出来它是代表世界的。所以，每个天才的作品都像当时的暴君一样把所有的注意力都集中于一身。在那个时期，这是唯一能够拿来说说的价值，不管它是一首十四行诗、一出歌剧、一幅风景画、一场演讲、一座寺庙的设计图、一场战役的计划，或者一次探险的方案。不久，我们就向另外一个物体转移，它像第一次做的那样又把自己发展成一个整体。比如说，对于一个布局完美的花园，好像除了规划花园之外做什么都没有必要。如果我对空气、水和土不熟悉的话，我就会认为世界上最好的东西就是火。在自己最成功的时刻成为世界之最，这是所有自然物体的权利和属性，是一切真正的才能和权力的属性，是一切固有属性的权利和属性。一只松鼠从这个树枝跳到那个树枝，让整个森林成为它取乐的大树，它所引起的关注可以媲美一头狮子——它美丽而自信，在那时，它就是大自然的代表。我聆听的时候，我的耳朵和心灵被一首好听的歌吸引，它的感染力可以媲美以前听过的任何一部史诗。被一个主人或一窝小猪吸引的狗，满足了一种现实，而且确实是一种现实，它的作用并不比米开朗基罗的壁画逊色。我们在这一连串的物体中认识到了世界的广阔和人性的丰富，它可以从任何方向奔向无限。但是我也认识到，在第一件事上让我吃惊和着迷的东西在第二件事上也是如此，这就是万物的优点。

艺术的局部

绘画和雕刻仅仅具有最初级的功能。最优秀的图画可以轻而易举地告诉我们它最终的秘密。几个神奇的点、几条神奇的线、几种神奇的颜色，构成了我们生活于其中的“人物风景画”，最优秀的画仅是这种点、线和颜色画成的草图而已。绘画之于眼睛，就像舞蹈之于四肢一样。当躯体已经从它那学会了自制、伶俐、优美时，舞蹈家的舞步基本上就被忘光了。绘画教给我的是色彩的绚丽和形体的表现，当我看到绘画和艺术中的天才外的天才时，我看到的是画笔的缤纷色彩，以及艺术家随随便便从可能的形体中作出选择时所表现出的冷漠。如果他什么都画得了，为什么还要画呢？然后，我睁开了眼睛，看到大自然在街上的永恒的图画，不断来往的大人、孩子、乞丐、美女，有的穿红的，有的穿绿的，有的穿蓝的，有的穿灰的；有的长发飘飘，有的鬓角斑白；有的脸色很白，有的面孔很黑，有的满脸皱纹；有的非常高，有的特别矮；有的扬扬得意，有的像淘气鬼—— 一幅惊天动地、天高海阔的画面。

展览馆的雕刻把这个道理讲得更加通俗易懂。绘画讲的是上色，雕刻讲的是人体解剖。我看过优美的雕像并随后走进了一个公共会场之后，才明白了有人曾说过的这句话：“当我一直在阅读荷马史诗时，所有人看起来都像巨人。”我也看到绘画和雕刻是眼睛的体操，训练眼睛掌握它的功能的细微奇妙的特点。任何一尊雕像都不会像一个变化万千的活人，他的优越性超越一切完美的雕像。我这里有个怎样的艺术馆啊！任何一个追求风格的艺术家都不能造出这样神态万千的群像和各具形态、别具匠心的个像。在这里，艺术家严肃并高兴着，对他的石材进行即兴创作。一会儿他被一个思想触动，一会儿又被另一个思想触动，他每时每刻都在改变他的人物造型的气度、姿势和表情。扔了你的油料和画架的胡乱，抛弃你的大理石和凿子的折腾；如果不是睁开眼睛看见了永恒艺术的圣手，那么它们就都是伪造的废品。

创作的动力

所有创作最终都是与一种原始动力相关的，这就解释了所有最高艺术品共同的特点——它们都能被普遍地理解，它们恢复了我们最简单的心态，它们都是宗教性质的。因为不管那里面有什么技巧表现出来，那都是原始灵魂的再现，纯粹的光的一种照射，所以对于自然物体制造的东西它应当有一种相似的印象。在我们看来，欢乐的时候，自然是一个艺术的自然，艺术是被完善过的艺术——天才的作品。谁身上的一种地方和特殊文化的偶然事件被单纯的趣味和影响一切伟大人类的敏感性压倒了，谁就是最优秀的艺术批评家。虽然走遍世界去寻找美，但是我们必须在身边带着它，否则我们根本找不到它。一种杰出的魅力，这才是美的真正精华之所在，那是表面上的、轮廓上的技巧或艺术规则永远无法教会的。换句话说，那是一种从带有人性的艺术品中发出的光——通过石头、帆布或声音对我们的本性的最深刻、最纯粹的属性的一种神奇表现，因此对于具备这些属性的那些灵魂来说，最终是理解得最透彻的。在希腊人的雕刻里，在罗马人的石头建筑里，在托斯卡纳和威尼斯大师们的画作里，它们最普通的语言就是最高的魅力。一种道德的自白，一种纯洁、爱和希望的自白，由它们的身上向外散发。我们原封不动地带回了我们送给它们的东西，只不过有更好的说明留在了记忆里。旅行者游览梵蒂冈，从这个展室到那个展室，经过一个个雕像、花瓶、石棺、树形烛台的陈列室，经过各种各样的美，它们都用最华丽的材料雕刻出来，这时这样的危险就会出现在他身上：造成这一切原理的单纯性很可能被忘记，它们的思想和法则的来源就在他心中的道理也很有可能被忘记。他对这些神奇的遗留下来的东西的技术规范进行研究，却把这些东西并不总是这样群星荟萃给忘记了；忘记了它们是多少国家、多少岁月的贡献；忘记了每一件都从一个艺术家的作坊中单独出现的。这个人殚精竭虑，可能还不知道有别的雕像存在，他创作的作品没有其他样本，只有生活——家庭生活以及个人关系的苦与甜，共同跳动的心脏和邂逅的目光的苦与甜，贫穷、潦倒、希望、害怕的苦与甜。他的灵感就是这些，他深入你内心的影响也是这些。艺术家有多大的力量，就能在自己的作品中为自己的个性找到多大的出口。他只承受来自他的材料的局限或妨碍，由于自我表达的必要性，在他手上，再硬的石头也会被他变成蜡，并且愿意让他彻彻底底、毫无保留地对自己进行表达。他只要承受一种传承的自然和文化的牵绊，只需要问罗马或巴黎是什么模式。在新罕布什尔一家农场角落的一座未曾涂漆的灰色木房子里，在边远林区的圆木房里，或者在他曾忍受过城市贫穷的压抑的狭隘公寓里，被贫困和天生的命运变得让人爱憎交加的房子、天气和生活方式就跟其他所有状况一样，起着一种象征作用——通过一切，毫不在乎地倾泻自己的思想。

影响我的艺术

年轻的时候我就听说过意大利的绘画无比奇妙，当时我就想，那些伟大的画作看起来一定很陌生，一定是把色彩和形体惊人地结合在一起，一种异国的奇迹，镶金嵌玉，美轮美奂，就像在小学生眼睛和想象中色彩繁杂的民兵的短矛和旗帜一样。我就是要看到并了解这种我不知道是什么东西的东西。最后，我到了罗马，亲眼看到了那些画，我发现天才留给新手们的是那些色彩纷繁、浮华招摇的东西，而自己却直接指向纯粹与真实；它显得亲切、真诚，是我在很多形体中见过的亘古永恒的事实——了解它就是我活着的目的；它就是我了解的极为透彻的简单明了的你和我——早就是老生常谈了。早在那不勒斯的一座教堂里，我就有过这种经历。在那里，对我而言，除了地点之外其他毫无改变，于是我对自己说："你这个傻瓜，你漂洋过海 4000 英里，就是为了到这里发现你觉得跟家里一模一样的东西吗？"我在那不勒斯学术宫的雕刻馆里又看到了这一事实，我来到罗马，来到拉斐尔、米开朗基罗、萨基、提香、达·芬奇的绘画前，又看到了这一事实。"什么，老田鼠，你钻地钻得太快了吧！"它陪着我旅行，我想着我已经放在波士顿的东西却出现在梵蒂冈，又出现在米兰、巴黎，结果使一路的旅行像一辆脚踏车那样荒唐。现在我向所有的绘画提出这样一种要求，它们应该让我感到很常见，而不是让我眼花。画千万不要有太多的画意，最让人惊奇的就是常识和坦白了。所有的伟大行动都是简单的，所有的伟大的画同样如此。

这种独特之处的一个突出例子就是拉斐尔的《基督显圣容》，整幅画显出一种安宁、慈祥的美，直达人心。它好像就在直接呼唤你的名字，耶稣优美高尚的脸叫人惊叹，然而对于期望华丽高贵的人来说这无异于当头浇上一盆冷水。这种熟悉、纯朴、居家的面容就像在迎接朋友似的。画商的知识自有他自己的价值，但是如果你的心被天才打动了，对于画商的那些评论，你还是不要听了吧。不是给他们画的画，而是给你画的；是为那种人画的——他们长着能够被单纯和高尚的感情所打动的眼睛。

对于艺术的好话我们能说的都说尽了，最后必须坦白承认：照我们的看法，艺术仅仅是最初的。我们不停赞叹的是它们的目的和承诺，而不是实际结果。谁相信创造的黄金时代已过去，谁就把人的智慧看低了。《伊利亚特》和《基督显圣容》的真正价值在于它们是能力的标志，是潮流的巨浪或细流，是不断创造的象征，即使是在最恶劣的情况下，灵魂也要把它们表现出来。如果艺术不能和世界上最强大的势力一起前进，如果它既没有实际作用又没有道德，如果它跟良心没有关系，如果它不能让贫穷和没教养的人觉得它在用一种高尚愉快的声音向他们说话，那就说明艺术还不成熟。艺术工作在技术之上，技术是一种尚未完善的或低劣的本能的夭折。艺术是创造的必需，因为它的本质广阔而普遍，所以它无法忍受用残废或者捆住的手去工作。无法忍受残废、变形，所有的画和雕像都是这样。它的目的并不比人和自然的创造低。一个人应该为他的精力在艺术中找到一个出口。只要他有这样的能力，他就可以去绘画或雕刻。艺术就该让人快乐，应该从各个方向把事物的墙推倒，从观赏者心中唤醒作品在艺术家身上所显示的那种普遍关系和能力的意识，造就新的艺术家就是它的最高效果。

艺术不受限

有的艺术很古老，有的已经消失，悠久的历史完全有见证它们的资格。雕刻艺术早就失去了任何实际的作用。本来，它是一种有用的艺术，一种写作方式，一个原始人对感激或忠诚的记录，在一个对形体有特殊感觉的民族中，这种初级的雕刻经过提炼，产生了辉煌的结果。不过，它是一种粗放并很有年轻活力的民族的游戏，却不是一个聪明而追求精神的国家的坚强劳动。在一棵枝叶茂密、结满果实的橡树下，在一个充满恒久的眼睛的天空下，我站在一条大道之上；但是在我们的造型艺术的作品中，特别是雕刻作品中，创造已经被逼的无路可走了。不必避讳什么，雕刻中存在着某种不值一提的现象，跟玩具的低贱和剧院的装饰没什么区别。我们的一切思想、情绪都被天性所超越，但我们依然没有发现它的秘密。然而，美术馆却被我们的情绪支配着，某个时间，它会变得很轻浮。牛顿一直关注着星体的轨道，居然不知道彭布罗克伯爵在“石头玩偶”中发现了什么值得称赞的东西，对此我们并不感到奇怪。雕刻可以教会学生知道形体的秘密的深奥之处，知道精神可以怎样完美地把自己的含义翻译成争论的方言。在需要穿透万物、不可忍受冒充和毫无生机的事物面前，雕像就会显得非常冰冷而虚假。绘画和雕刻其实是形体的节日庆典，但是真正的艺术是永不固定的，是永远流动的。最优美的音乐并不在圣乐之中，而是在人的声音里，如果它从短暂的生命中说出温情、真理或勇气的音调的话。圣乐已经跟早晨、太阳、地球无关，而那种令人信服的声音却跟这一切丝丝入扣。所有的艺术品都不应该超脱现实，而是应该即兴表演。在每一个姿势和行动上，一个伟人都是一尊新的雕像。一位美女是一幅让所有观赏者疯狂却不失高尚的画。人生完全可以是抒情诗或史诗，而不仅仅是诗歌或传奇。

如果发现某人有值得宣布创造的规律，那么艺术就会被这一真正的宣告带进自然的王国，消灭它的分离的、对立的存在。创造和美的源泉几乎在现代社会中枯竭了。一部通俗小说、一座剧院，或者一家舞厅，让我们觉得我们就是这个世界中的贫民窟里的乞丐，毫无尊严，毫无技巧，毫无勤奋之心。艺术一样很贫穷、低贱。那古老而悲壮的“必然”甚至落到古代的维纳斯和丘比特的前额上，还为那些闯入自然的怪异形象表示仅有的抱歉——也就是说，这些形象本身无可避免；艺术家陶醉在对形体的爱好中，他无法抗拒这种爱好，自然使之表现为奢华。这种古老的悲剧性的必然让凿子或笔不再具有尊严。

艺术与技术

但是在艺术中，艺术家和鉴赏家却在寻找体现他们才能的表现方式，或者一座脱离人生种种罪恶的避难所。对于在自己想象中所塑造的东西，人们并不满意，于是向艺术靠拢，用一首圣乐、一尊雕像或一幅画来把良知表现出来。艺术所做的努力跟一种感官的成功所做的努力一样，就是把美与用途互相分离，把作品当作不可避免的东西进行粉饰，如果憎恨它，就改为赞赏好了。这些安慰和补偿，这种美和用途的分离，自然法则并不允许。如果美是为了快乐而不是出于宗教和爱而被找到的话，那它就把寻找者给贬低了。他再也不能在帆布、石头、声音或抒情作品中获得高尚的美了，最多只能形成一种阴柔的、谨慎的、病态的美，而其本质并不是美，因为手能做到的事永远不会高于性格所激发的事。

如此一来，去分离的艺术本身最先遭到了分离。艺术必须从人的内心开始，而决不能只是一种肤浅的才能。现在人们根本无力发现自然的美，于是他们就去造了一尊必然美的雕像。他们讨厌人，认为人单调、痴呆、固执，于是就用颜料袋和石块进行自我安慰。因为生活平淡，他们就抛弃生活，却创造了一种他们称为充满诗意的死亡。他们匆匆忙忙地干完了全天让人生厌的事情后，就飞进粉色的白日梦中。他们纵情吃喝，就是为了日后实现理想。照这么做，艺术就受到了贬斥。名义向心灵传达了它们次要的憎恶。它在想象中变成了某种天理难容的事，从一开始就被死亡袭击了。难道从最高尚的地方开始——先服务于理想，再纵情吃喝——在纵情吃喝时，在呼吸中，在生命的功能中，服务于理想，不是更好吗？美必须回归有用的技术那里，必须忘掉美术和实用技术的区分。如果把历史讲得真实，如果生活过得高尚，分开两者非但不容易，甚至不可能。自然中的一切都是有用的，都是美的。它美的原因就在于，它是活的、运动的、能繁殖的；它有用的原因就在于它对称、漂亮。美不会在一个立法机构的召唤下说来就来，也不会在英国或美国重复它在希腊的历史。它会和往常一样，不需要等着宣布，就在勇敢认真的人们的两脚之间跃起。我们寻找天才去重复古老艺术中的奇迹，那纯粹是白费力气；在新的必要的事实里，在田野和路边，在商店和工厂，它的本能就是去发现美和神圣。它将从一颗虔诚的心那里出发，把铁路、保险公司、股份公司、法律、基层议会、商业、电池、电瓶、棱镜、化学家的曲颈瓶，升华到一种神圣的用途，而现在我们从中寻找的只是一种经济用途。难道属于我们的重大机械工程——属于工厂、铁路、机器的那种自私甚至残酷的方面，不就是这些工程所服从的金钱冲动造成的吗？当它的使命高尚、合适时，新、老英格兰就被一条轮船跨越大西洋而连接起来，它准时驶进自己的港口，就像一颗行星那样，这就是人和自然迈向和谐的第一步。圣彼得堡的船在引力作用下沿勒纳河航行，它并不需要什么去变得崇高。在爱中科学被人学习的时候，由爱来行使科学的力量的时候，这些力量似乎就成了物质创造的补充和发展。

Part 19

补偿（COMPENSATION）

任何事物都是具有完整性的，所以都具有对立面与双重性。当你失去的同时，你会获得另外的补偿。鲜活的宇宙中，存在着具有灵性的万物，生命的各个部分都会面对完美的平衡与公平，所以一切都是伴随着代价的。

既定的补偿

我记得小的时候，就想过以“补偿”为题目来写一篇论文，因为从我记事开始，对于这个问题，我总是觉得，生活是比神学更加高贵的，而且对于牧师口中说出的道理，人们肯定是了解得非常之多了。那些林林总总、让人希望拥有的作为宣传范本依据的资料，总是能在包括睡觉以内的任何时间出现在我的面前。因为这些资料，就是我们对付敌人的子弹，就是我们赖以生存的面包，就是买卖市场里的交易，就是田园、房子、嘘寒问暖、人际关系，就是债权和债款，就是天性对我们的影响，就是所有人的才华与天赋。以我之见，那些带有光环的神性是可以随时展现在人们面前的，它就是灵魂的一生在世界活动的轨迹，没有任何做旧的遗迹。所以，人心可以肆意地徜徉在温暖和爱的河流里，并且能够随时与现在既成的、未来不会改变、永远也不会变幻的东西去对话、去碰撞。现世的他也正是这样去做的。而且，现在的情况可以看成是这样的：真理会在不经意间，在那些璀璨的潜意识里给我们展现出来，如果这些资料和那些潜意识里的想法可以看成是相似的东西的话，那么，这些就像我们旅途中的启明星，在深邃的空间里和蜿蜒的道路上，给我们照亮前方的路。

近段时间，我常常去教堂听布道，每听一次，我的这些愿望就加强了一些 。那位牧师因为一直都坚持着主流的哲学思想，所以格外受人尊敬。他总是用最平和易懂的语言，细说着“最终审判”中的奥义。他假设着说，现世社会是不会进行这样的审判的：坏的人享受荣华富贵，好的人却穷困潦倒；但是依照圣经上所说，在下一个轮回，双方将得到另外的补偿。可是人们似乎没有对这样的教义产生极大的反响，我看到的是，散场后，人们似乎都没有说上三言两语就各自离去了。

但是，这样的教义所包含的东西似乎让人无法体会到任何意义。那些好人，在今生就会遭受到各种磨难又能让人体会到什么意义呢？莫非是在说，世界上好的物品——房屋、田地、官爵、琼浆、名驹、华服、美味都应该让十恶不赦的坏人去占有吗？圣徒们只能是家徒四壁，遭人排挤吗？还是要说，在来世，后者才能得到一份名义上的赔偿。或是说，未来的某一天应该会给他们同等价值的酬劳——股票和资金，牛肉与美酒？而这样的赔偿似乎在一切都没有发生之前就已既定好，因为似乎想不出还有其他什么不一样的理由了。岂非在说，允许他们拥有称赞与祝福？岂非在说，允许他们拥有爱情和为人们工作的资格？其实，他们当下就能作出这些事情，圣徒们作出的正当推理就是：“在未来的日子里，我们也会拥有很多东西，包括那些邪恶之人拥有过的灿烂的日子。”或许也会直中要害：“当下是你们在作奸犯科，不用多久就会轮到我们。如果这一切被允许的话，我希望现下我们是一起在罪恶之中的，因为满堂金玉还未降临，我们希望的是，能在未来到来之前，得以雪耻。”

其实，这个理论让人无法相信的地方就在这里：坏人现在腰缠万贯，而好人在正义之路上，无法继续前进。上面那位牧师的局限性表现在，他追随的是一种低下的评估——对养尊处优的人们的低下评估，而非抗争。同时，给和真相背道而驰的人们戴上高帽，但却对于灵魂的追求、思想的广阔，对于能够确立的正与邪、成功与伪装的标准的这一系列事情置之不理。

事物的双重性

其实我已经从遍布的宗教书籍中发现了一种想象的低俗的观点，同时发现了文人们会在无意中接触到相关课题时，提出相同的教义。我发现我们现下流行的神学仅仅是在理解方面规劝了它已经替换了的迷信，在根本上其实没有出现这样的事情。但是人类肯定是比这种所谓的神学强大的。它并不真实，因为他们平时的所作所为已经证明了这一点。每一个拥有着广阔胸襟、具有高远理想的灵魂，都会使用自己的经验而把这些教义抛之脑后，而且虽然他们自己无所感知，但是所有的人都已经觉察并知晓了他的那些被包裹着的虚伪。人们都是聪明异常的，遗憾的是，他们并没有发现这一件事情。他们在学习时，对于在课堂上所学到的东西，都不会去温习一遍。假如是在对谈中说出了这些话，听着的人可能会目瞪口呆。假使有人在一群乌合之众的集会中对神意和天规肆意揣测，那么等待他的一定是一阵沉寂，这种沉寂并不代表陈述者不具备演说能力，而是因为听众们在向演说者表达自己的不满。

我尝试着在本篇和下一篇文章里写下一些真实的东西，因为它们似乎把赔偿规律的路途已经标识得非常清楚了，能够让我感受到欢欣鼓舞的事情，似乎应该就是我能画得出这个圆上的一点弧度。

矛盾，施加或者被施加，在大自然里我们经常可以看到；黑与白；炙热与寒冷；涨潮与退潮；男人与女人；呼气与吸气；自然界力量的守恒定律；眼睛的闭上与睁开；离心力与向心力，如果我们把指针的一端增加了磁力，那么相反的磁力就会出现在指针的另一端。南极产生了引力，北极就会把它拒之门外。为了让这里的空间变得足够大，就需要占用其他地方。自然界已经不由自主地被这样的双重性质分成两部分了，所以任何事情都只是另外一件事情的另一面。要成为一个事物的完整体，还需要另一半的加入。就像：物与质，男与女，独与对，主观和客观，内与外，上与下，动与静，是与非。

世界本身与组成它的每一个部件都是具有双重性的，世界上所有的一切，都表现在了它身体的每一个部分里。在每一个麦穗里，在每一粒尘埃中，都有某种此消彼长的物质存在。反作用的威力迅猛异常，在自然界中的表现也是如此，同时经常在局部之处频繁出现。就像生物学家已经发现，在动物界没有一个物种是能够受到上帝百分之百垂怜的，但是每一个物种都得到了相应的才能来弥补这一缺陷。每一种动物在某一个领域很强势的话，在另外一个地方就会受到局限。就像如果它能跑能跳，说不定就会温顺异常。

在物理学界也有这样的一个理论，如果我们增加了功率，那么时间就要相应地减少；反之亦然。还有类似于行星的周期、气候和政治历史的内在关系等都能融入这一理论。比如，生活在寒冷气候里的人们多半身体强壮，贫瘠土地上不会有热病或者其他一些需要肥沃土壤的物种。

本性

每个人的天性及其后天状况的基础，都是这种二重性构成的。过犹不及、矫枉过正可能又会过于猛烈。苦中有乐、喜中有悲。身体能够感受快乐的每一种官能，一经滥用就会受到相应的惩罚。虽然说这样是为了让他的生命得到延长，但是每一部分的智慧都会融入一些额外的愚蠢。得失都是相伴而生的，失去了这样东西，一定会得到另外一样。如果你的钱财增加了，觊觎你钱财的人同样也会“水涨船高”。如果开采者穷凶极恶，大自然也一定会让他们品尝到自己给自己种下的恶果。绝对权与特殊性是一定会被大自然所埋怨的。或许眼前是滔天巨浪，可是趋于平静的时机一定会立马到来。或许有一千种不同的情形，但是要找到其中的平衡点一定也是非常容易的。走在前面的人，不一定会比落在后面的人的速度快。因为大自然一定是公平的，它会存在这样的一种力量，把曾经耀武扬威的人和腰缠万贯的家伙推到和其他人一样的起跑线上。在人类社会，如果一个人戾气横生、胡作非为，虽然他是一个公民，但是从行为和态度上来说他是一个坏的公民，一个飞扬跋扈的恶徒，浑身散发的是一个强盗的气息，那大自然就会给他带来一群漂亮的女儿，而且教育他女儿们的老师，一定是乡村学校的女教师，把对她们的疼爱和怜惜幻化成将他满脸戾气融化成祥和的力量。所以，大自然会想方设法地把花岗石和长石软化，并且还会拿出野蛮的气息，加上温顺的脾性，维持这些既有的平和。

若一个农民对于皇权与名望的追求很是热衷，这其实并不是一件坏事。但是要知道，名声显赫、地位崇高的人，所付出的代价同样是很大的。大体情况应该是如此：为了维持一贯备受关注的良好形象，他会毫不勉强地接受暗藏在巨大阴影里的真正的操控者的羞辱。或者说，人们更加希望天才是杰出的，并且是牢固而且永恒的，没有谁可以把这个东西拒之门外。如若谁为了取得成就擅自利用思维或者意识的力量而致别人于不顾，那么这个人一定会背上沉重的包袱，或者是一颗定时炸弹。每一次出现的光，都会把危险照得明明朗朗，可是光明到底是属于他的吗？如果要对那一直在路上的灵魂有所提示，那么他的忠诚度必须被保持，并且还要为那光做证。不仅如此，那些让他扬扬得意的同情感也是要被超越的。对于亲人与伴侣，他一定是会去怨恨的。人们追求与窥探的一切他一定拥有吗？他务必把他们的景仰放在脑后，一定要用自己的忠诚——那种对真理的忠诚去煎熬他们，然后回报的是嘲笑与不屑。

这条规律所描述的是，城市与国家之间的种种律例。如果要对这些重整、分割或者排列，其实都是在做无用功。长时间不正确地监管，事物会被拒不接受。相对于这种新存在的恶，虽然限制他活动的种种方式还没有出现，但是限制他的方法是一定会有的，而且是一定会现身的。假如说，政府只是一味地搜刮民脂民膏，那么政府终有一天会垮掉。如果赋税很高，那么国家的收入就会很低；如果设立的刑法超乎常理，那么法院似乎就不会去定罪了。如果政府一直保持着高度的民主，那么公民的精力一定会过剩，相对应的压力就会被抵抗，生活之光就会越发地闪耀在人们的生活之中。对于那些站在艰辛与幸福两端的人，不管人们的生活是否满足或者是真正参与着，他们一直都在逃避着，而且好像在面对任何问题时都能保持临危不乱。不管是在谁的统治之下，对本质的影响都是从来没有改变过的。不论是在非洲或者亚洲，南美洲或者欧洲都是一样。古埃及的帝王专制告诉了我们这样一个事实：文化能给人们多大的活动空间，人们就能拥有多大的自由空间。

洞察

这样的事实，被这样的一个表象所烘托出来：宇宙的具体表现，在它每一个微小的组成部分里。大自然中的每一个物种，都包含着这个自然中的一切功效。每一个事物的构成物质都包含了一款神秘的材料。就像是没改变的一种形态，生物学家就会把它看成是一种类型。马驹被比喻成在奔跑着的人，金鱼被比喻为在水里游泳的人，鸟儿被看成是在天空翱翔的人，树木被看成了根基稳固的人。出现的这些新东西，不是对以往的重复，而是重新再现曾经被对应着的各种类型的微小之处——目标、激励、阻碍、本领和整个系统。每一种行业，每一种职位，都是描写着世界的一个大纲，和其他的所有事情都有着千丝万缕的联系。每一件事情都象征着这个世界的完整，是人生的善恶，是人生的过关证书，是人生的障碍，是人生勇往直前的一种完美的图腾。每一个事物，都是需要去容纳一个完整的人的，而且要将其全部命运都详细地描述出来。

世界喜欢把自己装进那种显微镜也难以发现的微小且进化未完成的生物里，例如一颗晶莹的珍珠。眼耳口手鼻，味觉嗅觉触觉，动力阻力，欲望以及能够操控永恒的生殖器官，这所有的一切，都找到了适合自己的空间，寄身在这些再微小不过的生物里。所以，他的每一次行动，都被我们贴上属于我们自己生命的标签。而其中最容易被人接受的道理就是，可能每一棵蕨类植物或者单细胞物体都是上帝完美的展现。宇宙的价值在于，总是想把自己表现在任意的观点之上，善恶并存，疏密有致。不会存在着一味地吸引，排斥一定会和它同命相连；也不会有谁拥有无穷的力量，因为这一定会受到限制的。所以，宇宙是鲜活的。万物都是具有灵性的。在我们躯体里的灵魂具有一种真切的情感，在我们躯体之外这些便形成了一种规律。我们感知到了它的灵性的存在，在遗忘过去的日子里，我们感觉到了它操控着命运齿轮的力量。它既是组成这个世界的一部分，同样也游走在这个世界中，它不会拖泥带水。相对于生命的各个部分，总是会被超乎完美的公正协调至平衡。上帝手中拿着的始终是灌铅骰子。世界其实是一个永远平衡的东西，就像是乘法口诀表或者是两边对等的方程式，不论你如何去改变，它们总是可以让自己平衡起来。只要你进行数学计算，不论是何种数字，都会得到一个准确值，不会多一分也不会差一毫。秘密总有一天会被泄露出来的，罪恶一定也逃不出惩罚的命运，犯了错必定会被纠正，或许中间会有些小差错，但是一旦默默前行，这些道理一定都会实现的。许多我们认为的报应，似乎就是所说的理所应当的报应。只要露出一点小马脚，整个事情就一定会出现。就像漫天的炊烟，一定是家家户户都在做饭了，或者是一只手臂在你眼前，你就会知道接下来出现的东西一定是一个身体。

行者，必然是这样。那种普遍的必然就是我们所认为的报应，因为它的存在，只要有部分出现就会有整体出现。你看见烟了，火就一定存在；你看见一只手或者腿了，那你就知道后面肯定有它所属的躯干。

回报

每一种行为都在用不一样的两种方式回报着自己，从另外一个角度说就是修复自我。首先应该是在行为之上或者真实的自然界中，其次应该是在言语或者表象的自然界中，语言时常被人们称作因果报应。而这样的表现，我们内在的自我是可以看见的。语言所体现出的报应应该能被行为看见。事物和它们紧密相连，常常被拖延很久，一直到很久之后似乎才会浮现在人们眼前。在身上的痕迹一定是在被鞭挞后一段时间才会出现，既然那些印记是随后才出现的，这就证明它并非伴随着敲击一起出现。罪与罚是长在藤蔓上的花与果实，罚是果实，它以出其不意的成长速度在孕育它的欢娱之花中沐浴。因与果，手段与目标，种子与果实，都是无法被完全拆分的。因为结局早已经孕育在了花开的时候，我们使用的手段也已经昭告了我们的目的，而果实丰硕与否也在种子之初就已裁定。

尽管世界愿意成为整体，拒不接受分裂，但是我们还是想尽办法各自行动、相互分离、据为己有。例如，我们为了满足感官享受而把它与人格的需要彻底分离。人的智慧总是被用来解决这个问题——怎样把感官上的甜美、强壮、鲜艳等与道德上的甜美、深沉、清白分开。也就是说，再一次设法使这个表面被刮得连底也保不住，再一次设法顾头不顾尾。灵魂说，吃吧，肉体就大吃特吃；灵魂说，男女的灵魂和肉体应该是一体的，肉体只不过是肉的合体而已；灵魂说，为了美德的目的，统治万物吧，肉体主宰万物的目的却是为了自己。

灵魂极力通过万物的生活和行动，这大概是仅有的事实。万物必将附加到它身上——能力、欢乐、知识、美。某个希望自己成为一个关键人物的人，会竭尽全力树立自己的形象，千方百计地谋取私利。具体来说就是，他想骑马就可以骑马，想穿衣就可以穿衣，想吃就吃，想统治就可以万众瞩目。人极力想要成为伟人，他们会拥有地位、财富、权力、声名。他们以为伟大就是占有自然的甜的那一方面，而不会有苦的那一方面。

这种割裂手法被坚决抵制。不得不承认，到现在为止，有这种图谋的人甚至都没取得过哪怕微乎其微的成功。我们的手缩回来，分开的水就又合为一体。一旦我们设法从整体中把这些东西分离出来，欢乐就从欢乐的事物中脱离，利益就从有利的事物中脱离，力量就从强大的事物中脱离。把事物一分为二的事我们无力为之，就像我们不能得到无表之里、无影之光一样，我们不能单独提取感官上的好处。“即使用一把草杈把自然撵出去，她还会跑回来”。

生活里的补偿

围绕在生命周围的都是许多无法回避的情况。毫无头脑的人试图去逃避它，并且还叫嚣着自己一切都不知道；它与他们从未面对面，然而他们嘴上天花乱坠，心里却有很多小秘密。如果他们能在一个地方逃脱它，在下一个更重要的地方便会受到它的重创；如果它在表象与形态上逃避了它们，那是因为它们已经和生命说晚安，超越了自我，得到的回报便是死亡。许多人都尝试着只得到利益而不承担责任，可从来都没有成功过。这个失败并不是一件无足轻重的事情，所以，一定不要轻易地尝试这样的实验，这个实验代表的就是疯狂。可是在叛离与割裂的情况下，既然病痛早就在意志里弥漫开来，那么智力被染上疾病一定也是眼前的事情了。因此，每个人能看见的上帝存在于每个物体之中，而且是不完整的，只能看见对感官刺激的诱惑，对感官的危害责备包裹起来。他能看见美人鱼优美的尾鳍，却无法看见神龙傲人的脑袋，而且他总是可以把自己的需求与非需求划分得一清二楚。“你总是暗自藏在苍穹之下，从未有过声响，神秘莫测。啊！你这独一无二的伟大的神，内心总是能有无悔的天意，把对罪恶的惩罚降临到那些胡作非为的人头上。”

在民谣、史书、律政、俗语、交谈、叙述中，人们的灵魂是无法超脱于这些事实的。在文学里，他总是无法控制住自己的情绪，然后自言自语。所以，希腊人称朱庇特是“心灵的制高点”。可是，那些流言蜚语中总是认为他拥有许多不堪入目的行径。因此，他们责无旁贷地要向理性说抱歉，方法就是把这双沾满罪恶的双手捆绑起来，而他总是被打造成一个向英国国王一样充满无奈的人。普罗米修斯知道乔武一定会预料到一个秘密，密涅瓦知晓另外一个，他们无法拥有自己独到的神力，因为钥匙在别人手中。

在众神之中，只有我知道
打开那些坚固的门的钥匙，在里面的地下室里
睡着他的雷霆。

人们从来都不曾否认对所有事物的介入，也从未否认过道德的目的。印度神话的结局往往是伦理。任何不出于伦理的语言，都是不可能诞生以及广泛流传的。日光圣女将恋人常葆青春一事忘置脑后，所以，虽然提托诺斯拥有不死之身，却无法拥有青春年少的容貌。阿喀琉斯也有虚点——圣水没有打湿被他被忒提斯抓住的脚踝。在《尼伯龙根之歌》里，齐格弗里德同样做到了不休，因为当他再用龙的血液沐浴的时候，一片树叶落到了他的背脊上，并成功遮挡住了他致命的短处。情况也一定是如此的，上帝是没办法创造出任何完美的人的，任何事情总是会伴随着一种会被惩罚的事情偷偷地发生，甚至潜入人的脑海中并希冀借着消遣，逃脱那些陈旧的板式教条的最野性的诗词歌赋。这样的反击，这样强烈的后坐力，除了证明法则是无法改变的外，还证明着自然界从来就没有只是一味索取的现象，任何一切，都是伴随着代价的。

谚语源自事实

这个神圣的教条是属于古老的复仇女神的。她的眼光遍布全宇宙，不会遗漏掉任何的违法行为。听说，维护正义的神明，就是这三个复仇的女神。如果太阳偏离了自己的运行轨道，她们的教鞭便会落在太阳的头上。诗人们总是说，墙土、铁剑、教鞭对于自己惩罚的对象总是怀有一种另类的同情，埃阿斯给了赫克托尔一根皮鞭，后来这根皮鞭被用在了阿喀琉斯自己战车的轮子上面。赫克托尔这位特洛伊的英雄被这个小东西在战场上拖来拖去。赫克托尔赠予了埃阿斯一把上好的宝剑，而后来埃阿斯的性命却了结在这把宝剑上。史书上说，塔西亚人为一场竞技的胜出者建立了一座巨大的雕像，优胜者的对手在深夜去锤击雕像，而且希望把它砸碎，后来他移动雕像的底座，到最后确实把雕像砸烂了，可是自己也因为雕像的倒塌而葬送了性命。

从描述出来的故事中可以看出，谚语总是有一种高贵而不可侵犯的味道。它通过许多人的解读，往往已经超越原作者的意图了。它是作品中最精华的部分，里面丝毫没有私欲，可是作者却对这件事毫不知情，它来自于真性情，并且奔流不息，并非来自一些胡说八道。我们不会只因为单方面的研究而得知它的存在，研究了许多东西后都会发现这个，所以我们就把它提取并整合，认为是所有人的精神。它不是费迪亚斯，我觉得它更加可能是很久以前我了解过的那个早期属于希腊人的作品。费迪亚斯的名字与其他方面不论在历史上的定义如何的不一样，但是每当最高明的批评落在了我们头上时，总是会让人迷惑不已。在一些既定的历史时期，人们总是倾向于做某件事，更喜欢去做某件事。在进行的过程中，那些被费迪亚斯、但丁、莎士比亚的思维所干预的说法，就是人们在工作中碰到的工具类型的妨碍。或者说，我们要去改变的，也正是我们要去弄清楚的事情。

谚语里所说的这些事情，会更加吸人眼球，更何况谚语是存在于世界各国的。谚语是理性王国的代名词，或者说是真理披上了一件平和的外衣而降临人间。谚语像是每个民族的通用词典，是直觉华美的神殿。纷纷扰扰的世界中，形式主义大行其道，而它们用自己的语言去诉说现实主义的内涵却一直都是被坚决反对的。可是那些没有矛盾的谚语却得到了前所未有的便利，虽然它是被教堂、议会、学校都禁止使用的便利法则，却总是能拥有其他更大的舞台去展现自己。它是拥有教育意义的，就像鲜花与绿草存在于世界上这样真实而毋庸置疑，并且盘旋在我们周围。

既存物都是双面的，一面与另一面截然相反，也可能会对立——以枪还枪、以眼还眼、以牙还牙、以血还血、一报还一报，以爱还爱。我给出去了，势必会拿回来同等价值的东西。如果你要去浇花，那就一定会让自己湿漉漉的。我们到底想要的是什么呢？真主说，拿钱与交货必定是在同一时期的，舍不得孩子套不到狼。多劳多得，不会出现少做多做都一个样的情况。或许物品不是通过自己劳动得来的，那总是会还回去的。咒骂他人，自身也会受到牵连。我们的生命是一条长长的锁链，一头是魔鬼，一头是自己，魔鬼是只蠢驴。

大智慧的根源

每个人只要一开口，其实就等于对自己作出了一个评价。不管是否出于真心，但是倾听者总是会自发地用他的一字一句为他画像。他口中说出的每一个观点，都代表着他自己。他是一个无法控制自己的小线球，另外一端仍旧掌握在投掷者的手里。其实可能更加像一副叉鱼的鱼叉，它起始于小船上的一盘绳子，并且努力往前方飞行，如果它是劣质鱼叉或者投手的技术并不娴熟的话，它就会返回来叉叉手的手，说不定还会让小船受到创伤。

造孽者，必受罚。“如果谁是一个狂妄自大的人，做的是狂妄自大的事情，谁就会受到迫害。”柏克说。那些一心只想独自享受前沿生活的人，并不知道自己其实在独自偷欢的时候却是与追求快乐南辕北辙。教会里那些排他主义者，并不知道他们费尽心思地把他人拒之门外的时候，其实也是把自己通往天堂的路堵死了。如果把别人当成小丑，当成愚人一样去戏弄，就会受到如同他戏弄的人一样的待遇。如果你从没有试着去了解别人的内心，那么总有一天也会丢失掉自己的内心。一切的人都会被感知同化为事物，女人、孩子、贫穷的人都一定会被化成事物。俗话说：“如果我不能从他的钱包里拿到东西，那么就是从他的皮肉里强夺。”这的确也是一种走向成功的学问。

在各种复杂的关系中，只要这些东西与爱和正道相背离，惩罚的果实一定会马上到来。而我们所说的他们要受到的惩罚其实就是恐惧。在我与同类们的关系并不复杂的时候，我碰见他后一定不会产生内心波动，我们彼此的相遇，就像是水遇见了水，或者是气流与气流相碰撞，然后就会把大自然那完美的散发与浸透功能完美融合。如果丢失了单纯，平起平坐的想法就一定会产生，如果出现了只对自己有利而对他人没有好处的情况，身旁的人一定都会觉得难过，他一定会远远地躲开我，就好似我会远远地躲开他一样；我们的目光一定不会在搜寻中相遇了，我们之间产生了很大的隔阂，他的隔阂来自于仇恨，而我的则来自于恐惧。

那些所有存在于社会中的陈旧的习惯，就算把一般的和特别的都算上，所有使用不正当手段去搜集钱财与权力的人，一定都会受到同样方式的报复。恐惧是产生大智慧的根源，是智慧的导师，同样是革命的先行者。曾听说过这样的一个教诲：它的出现时常伴随着腐朽，腐蚀着一切东西，它是一只乌鸦，喜欢以肉食为主，虽然你不明白它盘旋的含义，可你一定知道死亡就在那附近。我们的、所有的有涵养的阶级，全部都是些害怕惹是生非的胆小鬼。恐惧从古至今再到以后的日子都应该是政权和财富的象征。如果没有理由，那种代表着黑暗的鸟不会到处乱飞的，它的存在昭示着那个地方一定存在着很多等待改正的错误。

过去的方式

我们时常期待着改变，时刻关注着我们自愿行为的停止，这种期盼的本质其实是一样的。万里无云的午后的恐惧，波吕克拉忒斯（古希腊神话中统治萨摩斯的暴君。他由于幸运的降临而害怕复仇女神，他往海里丢了一颗绿色的宝石，可那颗宝石却被一条鱼吞进了肚子里，然后又送回到了他那里）的绿宝石，害怕成功，是一种本能，每一个高昂的灵魂总是要把高贵的苦行主义和把所有苦难都肩负在自己身上的美德的任务强加于自己，如此种种，都是通过了人的身体情感所产生的波动感很强的正义均衡。

通晓人情世故的人都明白，最好是一边向前走，一边结账，而且所有人都非常清楚，人们总是会被眼前的蝇头小利迷蒙了眼睛而大跌跟头，那些常常在外面借贷的人，其实是自己欠下了自己的债。一个人拥有了许许多多的东西，但是从未有过报答的念头，难道这些就真正属于他吗？这样的行为，让人们首先想到的就是一面在施舍，一面又在赊账。也就是说，一面是卓越，一面是卑下的。他和周围的这些人总是会记着这一笔买卖，接下来发生的每一笔买卖都要遵循着其性质而转换。或许他马上就能知晓，宁愿自己的骨头被打断，也不愿意和邻居结伴出行，同时也会让人家知道，“对于任何东西，要付出的最惨重的代价，可能就是向人乞讨”。

一个真正聪明的人，会在生活的各个方面把这样的教训身体力行，同时也让人知道：对于每一个乞讨者来说，每一种能够让你的时间、才艺和愿望得到满足并且合理的请求，就应严谨地遵从。一直都要偿还，不要因为时间的原因而无法做到，你所欠下的东西，都是要偿还给别人的。你是否能够不偏不倚，在眼下或许人们还不能说上一二，可是，这只不过是时间的关系而已。到最后你应该付出的必须付出，要还清所有的债务。如果你能看清任何事情，那么你就不应该对成功这么着迷，因为这样只会让你的压力越发地沉重。利益是自然界所追求的，每获得一种利益，就要缴纳一部分税费。谁能给大部分的人恩惠，谁就是高贵的。若谁只是一味地去接受别人的给予，谁就是卑下的，这应该是所有卑劣中最卑劣的。其实，在生活中我们没办法说谁给予我们便利我们就报答他，或者说，这个应该是没办法做到的。但是，我们却必须这样去做，一件事就要对应一件事，一个动作就要对应一个动作，钱财就要对应钱财。不要老是让自己掌握着许许多多的优惠，否则，它一定会在聚集的地方霉烂变质，赶快把它通过其他方法送出去吧。

劳动的珍贵

相同的一些不容分说的法则，也会照看着劳动。谨言慎行，最廉价的劳动都是很宝贵的。我们能透过一把拖把、一床被褥、一艘小船、一颗石子看到良知，并且看到了这些在满足需求背后所作出的功绩。在你需要劳作的时候，就要花钱去请善于劳作的农夫，或者去学习能够顺利地运用到田间的知识。如果你需要远航，就要去获取能够应用到海上的学识；如果你要管理家庭，那就应该去学习烹调、裁剪归纳方面的学识；做财务的时候，就应该学习关于账本与金融方面的学识。或者这样说吧，你需要亲力亲为地做每一件事情。虽然人都有两面性，但是劳动如同生活，是不允许存在任何不真实的。小偷偷窃的是他自身的美德，骗子说出的是谎话，也是在丢失自己的诚信。因为学识与美好的品质才是劳动真正的价值，钱财和信誉都只是一种标识罢了。这种标识类似于纸币，是可以被偷换与作假的。然而所做的标志，也就是学识与美好的品质，这些东西是没办法弄虚作假的。不愿意发挥想象，不愿意服从单纯的意志，那么这些行为就无法做到。那些涵盖了真实存在的，道德根底的学识，所有的不法分子都无法窃取。因为它们是通过辛勤的劳动和汗水把自己交给了运用的人。自然法则说的就是这样一个道理：你做任何事情，是因为你拥有这样的能力；你不做任何事情，你就不具备这些能力。

不管是上山伐树砍柴，还是修建高楼大厦，或是创作诗词歌赋，不管是任何形式的劳动，也不管劳动的差别有多大，这些都是宇宙趋于完善的一份珍贵礼物。付出与回报应该是平衡的，存在的东西必然有它的价值，你无法得到不经过任何努力就想得到的东西。拥有价值连城的财富也换不来崇高，更不能代表这就是在国家、在黑白规律、在自然界的范畴中都存在着自己的崇高之处。我不能怀疑那些每个人都能看见的蕴藏在他们所熟悉的路途中的崇高规律——那些在每个人的凿刀上发光，由他的测锤和量尺量定，像商店的账单总额一样明白无误的严格伦理，为他推荐了他的职业，并将其事业发展到超乎想象的程度。虽然无法说出他的真实姓名，但是他还是能扩展着这一切，超乎了他原本的预计。

对罪恶的反对让品德和自然紧密连接了起来，形成了统一战线，结成了联盟，而背叛者一定会受到既成规律与美好品质的鄙夷。他会发现自己已经快没有任何栖息之所了，因为世界上所有的东西都已经开始融入真善美。一犯罪，脚底的大地就会变得脆弱不堪，一踩就碎；一犯罪，就好像地上抹撒上一层油，让人无法站立。你无法把脱口而出的话再收回，你无法擦去留下的痕迹，你不能把木梯当成柴火烧掉，那是在自断后路。不要留下任何可循的痕迹，总是会有一些心怀不轨的人说出秘密。自然的法则与本质，液体、气体、固体，对于不法分子来说这些都成了碍眼的东西。

破釜沉舟

另外，这样的秩序对于任何符合道理的行为都非常合适、非常实用。用爱关照别人的人，也一定会被别人用爱来回报。包含一切的爱，都是理所当然的，就如同方程式两边一样地适宜。善人拥有一切纯粹的善意，这样的善，就如同火焰一样把万物的内在与它一起熔化，这样一来，你就没办法让它伤痕累累。可是，就像那些要去与常胜军队交火的宫廷军队一样，常胜军来了，他们就会改变自己，让自己成为敌人的朋友。同理，所有的灾难，例如病症、袭击、潦倒到最后都会被验证为恩人：

寒冷的风和湍急的水
让勇士们的力量和威严日益高涨
但是对它们自己产生不了多少影响。

懦弱或者缺点其实是来协助善良的人的，那些自我膨胀的人都会被其牵连。同样，那些有缺点的人会在某些特殊的场合获得利益。传说中的麋鹿喜欢自己的犄角而讨厌自己的双脚，可是双脚却在猎人来的时候救了它的命，而后来它却因为犄角戳进了灌木丛中拔不出来而毙命。人生在世，应该对自己的缺点说一声谢谢，人是没有办法完全悟出透彻的真理的，除非他真正地面对过这个真理。同理，一个人对人生的荆棘和材质不会完全地了解，除非他曾经被荆棘刁难，知道了自己遭受失败是因为自己缺乏才干和聪慧。莫非是因为他气质上的弊病让他总是与人们针锋相对，可因此他只能自己过自己的生活，这样反倒让自己独立起来。这样一来，就像牡蛎虽然受伤了，可是拥有了美丽的珍珠。

我们的软弱刺激着我们力量的膨胀。只有自己被伤害、猛烈敲打之后，那些暗藏在灵魂深处的被包裹起来的愤怒才会被引发出来。伟人总是可以享受孤独的，一旦他坐上了利益的软垫，他就会沉浸在睡梦里。如果压力、苦难和挫折都找到了他，他就会把这个当成是自己成长的机会，他就增长了谋略、气度。他能因此拥有许多信息，了解到自己的粗浅鄙薄，把自己的狂妄自大丢掉，从而拥有了成熟和真实的才能。聪明的人一般都可以把自己放在四面楚歌的境地，他总是比自己的对手更加善于发现自己的缺点。医治好了创伤之后，就如同一层死皮从他身上掉了来下一样。袭击他的人眼看着就要胜利，但，看吧，他已经强大到不惧怕任何的攻击了。和赞美相比，非难是更好的礼物。我讨厌那些在公共场合为我辩护的人。每当我听到那些伤害我的话，我就能感觉到成功在向我招手。如若有人一直对我赞叹连连，那么我会觉得自己已是赤裸无比。所以，只要我们不低下头，任何一种不好的行径都是施惠者。桑威奇岛上的人总是相信：我们所杀死的敌人的力量最后是会被我们所拥有的。同样，我们也可以获得那些迷惑我们的东西的免疫力。

生命的制高点

如果我们想要这么说，那么我们就要知道，那些帮助我们防御灾害、弊病和仇杀的人，同时还肩负着不让我们受到私欲和谎言的袭击的责任。我们所有制度里最精华的部分并非那些既成的约定，我们聪颖的标志也并非商业的成功。我们一生中会受到许许多多的苦楚和磨难，但是无法甩掉这样一种愚笨的迷信：他们可能身处于谎言之中。可是，人们总是善于自欺欺人，却不会受到别人的欺骗。就像一件东西不会同时存在又不存在一样。在所有的交易里，都存在着一个一声都不吭的人。事物的本性为灵魂所许下的每一个誓言而做担保，这样一来，诚实地付出就不会遭到损失。如果你所跟随的主人是一个从来不会回报的人，那么我们就再为他做出更好的事吧，借上帝的手，去影响你的债务。举手之劳后的报酬也一定会马上到来。报酬到来得越晚，对你越有利。因为当它到来的时候，将是一笔不小的恩惠。

尝试着背信自然，尝试着水往高流，尝试着拧沙成绳的过去，其实就是一个被迫害的历史。做这些事情的人，不管是否只是一个人，不论是庸君还是恶民，都是没有任何区别的。那些恶民其实就是没有了意志与希望，把自己后路切断的酒囊饭袋所组成的团体，恶民已经自己把自己的人性归纳为兽性了。夜晚，就是他们开始行动的时候，就如同他们的性格一般，他们的行为同样癫狂无比。他们会把规则困住，用邪恶的鞭子抽打正义，会把真理搅得七零八落，而他们的办法就是上面说的那些品质。谁拥有了，谁的房子就一定会被摧毁，同时还要对他们恶言相向，就像那些恶作剧一般。他们跟着救护车跑，要把那涌向星辰的霞光扑灭。他们的恶意把那些洁身自好的精神，对着那些恶相的人。卫道士是不会受到屈辱的。每次落下的皮鞭，就是喜欢说三道四的舌头。每一个监牢，似乎就是一个非常繁华的居所。那些被烧毁的书，那些被摧毁的房子都变成了灯光，照亮世界。每一句被勒令删除的话，都振聋发聩。当一切水落石出，含冤者得以清白的时候，聪慧、谅解总是时时刻刻都会出现，如同每个人都会到那里去一样。

这样一来，任何事情的态度，都在纵容着冷漠。人就是所有，每一件事情都是正反两面的——善的一面和恶的一面。任何一种负担都有自己的利益。我觉得很满足，可是，赔偿的说辞并非冷血无情。这些描述往往会飘进我的耳朵，可是干这些事有什么好处呢？有一件事就是，不论好坏都是能够拥有的，如果我们拥有了好处，那我们就一定会付出些什么，如果丢掉了好处，那么会有其他的好处替补进来，不论是在何时何地。

对于性格来说，还有一件事凌驾于补偿之上，而且更加深刻。灵魂是生命的制高点，而并非补偿的另一种形式，灵魂在任何地方。事件就像风起云涌的海面，潮起潮落，按照既定的规律慢慢循环。在海洋的最深处，有最原始的一切真实存在着。"本质"或者天主并非一种联系，也不是其中的一块，而是一个完整的东西。存在就是对于一切事物最大的嘉赏。踢开否定，有自我修复的能力，让所有的关联、局部和运势都埋在内心最深处。在那里，自然、真谛和德行都争先恐后地挤进来，恶就是绝不离开相同的事情，空虚也许真的像无边的黑暗或者沉睡的噩梦一样徘徊。活着的宇宙以此为参考，把它印刻在了上面，然而事实并不会无缘无故地出现，它没有起到任何作用，因为这些东西是虚无的，它不会向善，也不会行恶，它本身就是恶的代表，因为不存在的低劣程度远超过存在。

获取优秀的品性

那些原本应该属于我们的恩惠，却被那些恶贯满盈的行为给夺去了，犯罪的人没有意识到自己的错误，不肯悔改，只是抗拒。而且盲目地洗心革面以及让自己接受审讯，是在任何方面都不明确的情况之下发生的。在贫民与圣贤的面前，都不能一语中的地驳斥他的信口雌黄。真的是因为他的智慧已经比法律更加高明了吗？那是因为他自己被罪恶以及谣言缠绕着，已经无法再与自然亲密接触了。邪恶会用相同的途径向人们展示自己。可是，只要我们闭上双眼，不要让它进入我们的视野，就能够算清那原本毫无头绪的账目了。

从其他方面来看，并不是说要获取好的品性就一定会损失某些东西。那些对于美好品性的惩罚是没有根据的。同样，那些美好的智慧也是无从去惩罚的，它们之间的关系是互惠互利的。在那些善良的行为中，我们无可厚非地存在着，那我们就是用一种善良的行为去美化这个世界。我已经在从“混乱”和“空虚”中争抢过来的一方净土上种植了，而且看到了天际线上微弱的光芒。对于爱来说，它本身是不具备力量的。知识也是如此，美也一样，如果能从本质上，通过最纯粹的方式，把以上这些品质都过滤一遍的话，内心深处的我们是无法被限制的，而且永远都会对乐观向上的态度推崇备至，蔑视消极的悲观主义。

他的生命的宗旨，是胜利的象征，而不是停留的表现。相信一切东西，是发自于他内心深处的。这一切发生在其他任何人身上的时候，都是我们对灵魂的利用，只是存在着多少的问题而不存在质疑这个灵魂到底存在与否。勇士无疑是比懦夫更加雄伟的人，就像和那些愚蠢的、邪恶的人比起来，纯正的、大智慧的、懂得感恩的人一定是一个非常丰富的人，而不是一个浅薄单纯的人一样。好的品性是绝对不会给我们带来负面效应的，因为这些都是上帝给予我们的，或者是完全独立存在的，任何事物都无法与它同日而语。而物质上所带来的一切，都是与负担共同到来的。如果没有亲自的行动与汗水，它就无法真正地融入我们的躯体，成为我们本身，只要有一些微风细雨便会从我们身边消失。然而自然界里所有的好地方都是灵魂的栖息所，它们都是能够被拥有的。另一种说法就是，能用我们自己接受的劳动去购置。我不希望有一天天上会掉馅饼，比如说，无意中发现了一个大宝箱，因为我很明白它会给我带来许许多多额外的负担，但是我恰巧是不希望自己有其他的外在好处的——不要钱财，不要名誉，对权力也不会去追求，更加别说什么风度了。即使这种获得再明白不过，与之而来的负担也是清清楚楚的。可是如果我们知晓了赔偿，了解如何去挖掘金银财宝，虽然没有深谋远虑，却也不会有其他负担。因此，我内心宁静，我能悠闲自在地过着自己的生活。我或许已经对即将出现的会让自己受到损害的范围界定了范围。我也学到了圣伯纳德的至理名言：“除了我们自己，其他任何人或者事物都是没办法让我们受到伤害的。”我的周身总是围绕着各种可能性的伤害，但是我从不认为自己是一个纯正意义上的受害者，除非是我自己被自己摆了一道。

那些外在因素不对等的弥补，应该在每个灵魂的天性里都存在，而更多的是在乎哪些“较多”哪些“较少”而已，但这本身也就是自然界悲剧的根源所在。“较少”是不可能不会感受到任何伤痛的，而“较多”的存在，总是会让人产生愤怒以及怨恨的感觉。看看那些才疏学浅的人，总是会让人感到些许悲哀。因为他们似乎不会运用自己的一点儿才能，他们从来都不敢正视别人直视的目光。他们怕的是对上帝的埋怨之声此起彼伏。如若不然，他们该用什么方法进行呢？从表面上看，这一切似乎真的很不公平，可是用心地去看看这个事情，这些像山峰一样的凹凸不平又好像远去了。我们用自己的爱磨平了这些不平，就像太阳可以融化海里的冰块一样。因为不管是任何人，他的心和灵魂都是统一或者同一的，所以纠结在“他的”或者“我的”这些痛苦中的一切，都能够停下来了。

互帮互助

他所拥有的，可以当成是我所拥有的，我可以把他当成是我的兄弟，我的兄弟也可以和我融为一个人。如果面对强大的邻居，我总是感觉自己十分弱小，需要时刻抬头仰望他，那我就会努力去爱。我是可以容纳这一切的。那些把爱里所蕴含的能量和财富化为己有的人，都是些真心诚意爱着别人的人。所以，我发现为我保驾护航的人，就是我的弟兄。他们毫无保留地帮助着我，而那些我一直渴望着的财富也一直都是我的。包容世界上的万物是灵魂的天性。耶稣和莎士比亚都只是其中的组成部分，我们用爱降服了他们，而且将他们纳入我们的内心深处。如若他们的品德、才智都不能给予我们合理帮助的话，那就不能说是品德与才智了。

天灾产生的历史过程其实也是一样的。这些自然灾害，过不了多长时间，就会对人类辛苦培育的硕果加以破坏，而这些似乎都是黑暗中的某些规律为一直在成长的大自然做的广告。这个需求是一成不变的，每个个体的灵魂都在放弃着原本属于他的一整套体系，包括亲戚、朋友、爱情、信仰。就好比贝类动物的外壳一旦不适合其生长，它们就会选择爬出外壳，而原本的壳则会变成另外一个新的居所。这样的变动每天都在发生着，是根据每个人的生命力而出现的。可能到了后来，凭借着某种更加愉悦的情绪的推动，革命也不断前进，缠绕在个体周围的群体关系似乎显得没有凝聚力了。换句话说，已经变成了通透的薄膜，通过这个薄膜看到的活动形象并不是大多数人拥有的情况。它只是一种固化了的多形态产物，它有很多标签，没有可以直接说出的明显特征，人们就被束缚在这里面。不断地扩张也在这个时候发生，生长在今天的人无法解救还活在过去的人，可是总有那么一天，人的外在表现形式就是每一天都会有人离开，就像每一天人们都会穿上不同的衣服一样。但是，在已经被遗弃的这片荒漠里，强有力的生长似乎在休息，而不是在奋进与抗拒，更不是与扩张的势头一起向前。这一切就在无声无息的时候，降临在我们身旁。

每当与朋友分别时，我们总是会感到无所适从，就像我们的天使离开了身旁一样。可能他们仅仅是外出一下，但是我们却毫无感知，就像我们似乎也看不出天使随时都可以走到里面来一样。我们只是对眼前的现象推崇备至，却无法对灵魂的富有拿出百分之百的热情，也不会相信那些只属于他的永恒和世界各地的踪迹。我们不会去相信今天所取得的一切可以超越昨天，而且还能帮它改头换面。我们总是愿意去追寻古老的遗址，似乎我们永远也不想忘记曾经在那里吃住过的场景，我们也不相信精神的成长力可以养育、保护、激励我们。珍贵如斯，甜美异常，优雅非凡的事物，我们似乎再也发现不了了。可是不停地流眼泪也不是办法。所以，观察着世间万物的上帝就说："永远前进吧。"我们不能够总是沉浸在过去的日子里。对于新出来的东西，我们也不屑于和它们共同向前，因为我们往前走的时候，眼睛总是回头看，就好像那些永远看着后面的怪物一样。

可是长时间这样下去，灾难就会出现在理性事情的眼前。热病，残疾，绝望，财产的流失，朋友的离散……这一切在发生之初，似乎已经天崩地裂，无法也不可能去挽回了。可是时间是一个万能的救世主，日子一天天地过去，隐藏在事件背后的补救能力便日益凸显。友人、爱人、手足、恋人的离开似乎只是证明他们真的离开了，没有别的任何说辞。而后来，一位哲学家或者领路者会出现在我们的世界。因为人生道路上大大小小的革命总是在不断地发生。我们总是想着赶快结束的儿童时代或者少年时代从此一去不复返，这已成为一种已经习惯的日常活动，一个家庭的生活轨迹等就此改变了。而这一切，都会促进我们进入另一个新的开始，而这些对性格的发展都是很有好处的。或许会在你不情愿的情况下，逼迫着你学习新的规矩与教条，接受新的知识与人脉。但是这一切，经历了无数的人们的实践，是至关重要的。开始就只想在一个小花园里略作种植的男男女女，根本就没有任何的生长空间，头上的太阳照得他们喘不过气来。可是看似灾难的天灾人祸反而让他们找到了自己的生长空间，发挥了自己的优点与特长，为人们作出了力所能及的贡献。

Part 20

谨慎（CAUTION）

谨慎不能浮于表面，而应来自内心深处。严谨地生活是一种能力，但不能失去外在生活与内在精神的平衡。大自然也是不会轻饶一切忽视谨慎的行为的。对于法则，我们要毫无保留地服从；对于虚幻的曾经，我们要予以认清。踏实、诚信才能真实地活着。

关于谨慎

对于谨慎，我似乎天生就没有具备这种特性。如果说我有这种特性，应该也只能归纳为悲观的谨慎。所以，这样一来，我其实是没有资格在这方面去品头论足的。在我自己的世界里，我的谨慎从来都是以躲闪与将就的姿态出现的，从未有过在碰到困难的时候会缔造出另一种新的方式去解开困难。我从来都不会用新奇的方式去积极地改变生活，总是一直周而复始地对既存问题进行表面的治理。我没有能创造一切新生事物的技术，也不是能对金钱进行合理投资的能手。不管是哪一个人，看到了我家里杂乱的后花园后，都会建议我重新修一个新的花园。但是，我推崇诚实和稳健，鄙视陈旧和油嘴滑舌的人。所以，从这个方面看来，我又是能对谨慎发表意见的，就如同我完全有资本对诗歌和上帝抒发自己的意见一样。

我们写作灵感的来源，不仅仅是生活阅历，还应该依靠着灵感和反抗精神去创作。在绝大多数的情况下，我们塑造出的都不是来自于我们身体内部的品质。许多诗人都是有着充沛精力和深谋远虑的人。商人都想把自己的孩子培养成牧师或者律师。如果一个赞慕你的人，不是狂妄自大、虚荣不堪的人，那你应该能从中发现他优秀的性格特征。而且，如果我们对于“爱”和“友情”这些美丽至极的词语无法与粗俗不堪的词语达到一致，那我们就不能成为一个纯粹诚实的人。

如果一个人的谨慎只是浮于表象，那就不能说他是一个真正谨慎的人。谨慎是人们内心世界的外部体现形式，个体的意愿就是它独有的上帝，会按照既成线路去推动事物的发展，比如会根据个体自身的情况将身体的情况调整到最优状态，按照个体的灵性去促进内心的强大。

感官世界的存在就是为了表演而出现的，它从来都不是为了自己而存在的。或者说它的存在就是一个符号，具有一种标识的效果。我理解的真谨慎是能够承认并容纳其他不同于自己的原则的，而且对于门类的区分也非常清楚。眼前呈现出的世界，仅仅是浮于表象的，从来都没有进入人们的内心深处。谨慎一旦被单方面地、无联系地去理解，那么只能看作是虚假。只有被真诚的灵魂包裹着，并能通过感官的介质去呈现自己最美的东西时，才是真正合乎情理的谨慎。

根据对世界的了解、知识的掌握，人们可以把自己分为三六九等。那些严谨的生存方式，我们也可以用三个等级来衡量它。有一种人，一辈子追求的就是身体的健硕与富裕的生活，而生活本身对于他来说，更多的是一种符号。第二种人，目标似乎要更高一些，他追求的是美，把美的评审价值放置到很重要的位置。我们所知道的诗人、艺术家、博物学家和科学家就属于这类人群。第三种人，超越这两种人之上，因为他们不仅仅追求美，更追求如何展示美，如何把美传播于众。第三类人，就是我们所说的智者。第一类人，追求的是普罗大众的东西；第二类人，追求的是典雅情调；第三类人，拥有过人的精神世界和领悟力。如果一个人能够超越所有的等级，竭尽全力地去品味和感受其中标志的意义，那么对于美他便会有许许多多的感受。当一个人能够充分地感受和品味自然之后，他一定只会顺应规则而进行劳作，不会劳民伤财，更加不会凌驾于自然界之上。他永远都是怀着一颗敬畏的心对待这一切，同时还能看到神的光辉从每个裂缝中闪耀出来。

严谨是一种能力

那些既存的名言、作为和表象总是让世界慢慢弥漫着一种劣质的谨慎。而这种人，总是会充满物欲，只会去追求物质方面的快感，好似他们除了味觉、嗅觉、触觉和听觉之外便再也不具备任何其他官能了。而他们似乎都不约而同地做着以下的事情：不论何时何地都不会善意地捐助，也不会无偿地帮助弱者，更加不会借贷于别家。面对着世间的纷纷扰扰，他们最关心的问题便是，我所做的一切是否能为我带来面包。这不可谓不是一种疾病，就好似一个皮肤不断增厚的人总有一天会把那些带给他生命必需物质的器官摧毁掉。然而，文化揭示了人类的起源，为了实现人的完善这一目的，其他的一切都被当作健康和肉体而被牺牲了。

严谨地生活本身也是一种能力，但如果把所追求的智慧和美德只看作是外在的感官需要，只当成是追名逐利的手段，则会有破坏作用。文明时代的人总会有这样的感觉，总是以这样的神态说话，仿佛一大笔财产、一项社会改革的成就、一种伟大的人格、一次言辞优美而又充满感召力的演说，都能成为某个人具有精神力量的证据。如果一个人失去外在生活和内在精神的平衡，只是一味地沉湎于商场或其他感官刺激中，那他也许可以当一个好的齿轮或螺丝钉，却不是一个有教养的、有格调的人。

那些不真实的谨慎把感官呈现的东西当成是事物的决定性，所以它只能是宿醉者的内心和懦夫卑微的神灵。他们表达的一切，不过是一部轻喜剧的低俗脚本而已。这样的人，在让天下生灵为之嗤之以鼻的同时，也让文学史上多出许多故事。而那些真实的谨慎，总是能在一定程度上限制感官主义占主流的病态社会的继续蔓延。一旦我们用这种眼光去看待世界，那么我们在对公私事情的处理上便会收起一颗功利的心，用真诚完成一切，而这一切也会报答在施恩者的其他方面。人类存在于这个社会，改变了许许多多原有的生态表象，包括气候与地区的差异让时令变得令人捉摸不透，或许在自然界里，他依附在太阳身旁的同时也会给予月亮无尽的关怀。可是人类对于社会的既存事物敏感有加，包括善恶美丑。他们都对巍峨崇峻青睐有加，对于贫穷和饥饿忧心不已。通过阅读与学习，他几乎学到了所有基本的教训。

谨慎不代表一味地吹毛求疵，不代表不会搜索真的存在。人们只要按部就班地遵循着上帝安排的所有法则，不偏不倚地走既定道路，便不会有更多的坏处，也能心安理得地享受顺带的好处。个体本身是会被大自然的种种所约束的，我们尊重这些法则，它就会在时间、空间、物候、睡眠、极性法则、生与死的方面给予我们足够的尊重。已经墨守成规的两个巨大的天体——太阳与月亮永远都是毫无怨言地按照既定轨道旋转着，同时也从大大小小的许多方面界定了人类的生存范围与活动周期。在它们的领域内，从来都不曾有人也不会有人去背离自身的内在程序。包括人类在内的一切物种，居住于这个星球，都会受到既定界限的限制与管束。而对于这些管制的外部表现，通常是强加于弱小的群体，例如别离、伤病、财富等等。

我们的动力来源是土地里的食物，我们呼吸的来源是周围不断涌动的空气。与此同时，超乎我们接受范围的寒冷与炎热、干燥与潮湿都会对我们的身体或者其他方面造成伤害。那个在降临之初显得遥不可及高高在上、骄傲无比的时间，在生活里被敲打得七零八落。房门需要上油漆，门锁需要修换，我们需要木材、牛奶、柴米油盐，房子被灼烧，我患上恼人的头风，还要去缴税，时常需要和一些愚蠢之极以及没心没肺的人共处一室。突然想起了一句让人心痛无比的俗语，抑或是调侃之词：所有的这一切，把光阴淹没了。我们应该去进行一些自己能力范围之内的事情，不能杞人忧天。行走于盛夏的丛林中，就要有被蚊虫叮咬的准备；如果你不想自己的衣裳被打湿，那就不要尝试去河边钓鱼。在那些庸庸碌碌的人们眼中，天气已经成为一个堂而皇之的借口，是自己给自己的一个完美的台阶。我们总是容易暗下决心不要再为天气的事情烦忧，可是，总是抑制不住自己去观察着每天天空的变化。

谨慎不容忽视

那些淹没时间的琐事总是充斥着我们原本简单的生活。厚实的土地和每年长时间的暴风雪让位于这些地区的人们总是比终年春暖的地方的人们更能干、更坚强。那些气候宜人地区的人们，可以整天无所事事地到处游玩，到了需要休息的时候，拿上一床凉席，寻找一处阴凉便可以安然入眠。还有在那些有丰富果实长出的地方，人们甚至无须做任何的祈祷与祈愿，大自然已经为他们准备了丰盛的早餐，而他们需要做的只是伸伸手而已。而那些寒冷地区的人就不同了，由于天气物候的原因，他们必须费尽周折地去贮存食物，去收集柴火。让人欣慰的是，这一切的开始和结束，都存在于大自然中，也与大自然有着更深层次的默契。在伟大的自然面前，恶劣气候下的居民拥有其他地方人无可比拟的力量，劳动本身以及能创造出的价值都是巨大无比的，然而，诸多博学者却对此毫无察觉。

我们何不让自己拥有敏锐的知觉？有有力的手，我们就坚持劳作；有明亮的眼，我们就分辨与测绘；有过人的记忆，我们就把所有学科的知识都容纳在自己的脑海中。似乎每个人拥有得越多，就越会往吝啬角落行走。时间总是毫不留情地昭示一切，包括每一个人的价值。智慧的来源并非过人的头脑，而是常常蕴藏于生活之中。家庭主妇们似乎更爱厨房里实用的闹钟而非动听的交响乐，因为对于她们来说，木材燃烧时性感的律动便是最美的交响乐，她们能从中体会到别人无法体会也不能体会到的满足与乐趣。人们通过许多手段、通过许多方式去完成自己的目标或者达到自己的目的。让一个农场繁荣、让一个便利店生意兴隆的难度丝毫不逊色于争权夺利或者博弈中的谋略。让家里的一切井井有条，毫不浪费，每一件东西都使用得恰如其分的难度不会易于指挥一场战役或者整理一次全国档案数据。在潮湿的天气，有人便会创造出一个工作平台，或者是把盛满工具的箱盒放到一个安全的角落。在这里，他似乎能感受到儿时欢乐的记忆，似乎变成了一只极易满足的猫咪，对阁楼与谷仓迷恋不已，同时还品尝到了管家的欢喜与甜蜜。花园里的鸡鸭、池塘里的鱼草每天都能给他带来许多奇闻逸事，许许多多的温情与蜜意总是围绕在他生活的周遭，他的生命被欢乐填满了。或许这就是他成为一个乐观主义者的原因吧。如果一个人按照自然界定的路程走，期望心想事成就会轻而易举。而对于愉悦，质的区别更重于量的区别。

换句话说，大自然不会轻饶一切忽视谨慎的行径。

如果认定了眼前的表象是对事物具有决定性的，那我们就要毫不保留地去服从它的法则。如若我们想跟随灵魂，而当浮于眼前的表象还只是一颗青涩的果实，眼前的一切只会给自己带来灾难的时候，我们就别去触碰它。和那些含糊不清、不完美的人打交道其实是在用白布遮住自己的双眼，好似一个博士曾经说过：“如果一个孩子说他透过窗户看向了外面，若他果真透过了这个窗户看向了远方，就要用藤条鞭笞他。”似乎美国人对知觉的准确程度不会放在心上，这一切可以从多数人的口头禅“还可以”中看出来。但是，对于时间观念的淡薄，对于内在思想的紊乱，对于未来的日子毫不介意所表现出来的局促并非针对所有人的。如果我们改变了时空完美的法则，那么一切的美丽就变成了一块破损残旧的布。一旦蜂窝被愚笨的双手捅到，那接下来发生的事情并不是让我们得到心满意足的蜂蜜，而是愤怒的蜂群。只有我们的所作所为适时适宜，才能显得合情合理。就像在收获季节的清晨听到的磨刀声，那真是悦耳至极。可是到了寒冬腊月，这原本迷人的声响便会凄惨无比。闲散拖沓的人在浪费了自己时间的同时还让别人遭受到了不应有的损失，让别人的心情受损。

我每每看到苟延残喘、对于自我或者其他东西都提不起兴趣的人们，我就会想起曾经看过的一句关于画作的评论。最后一任的魏玛大公说：“那些杰出而流芳百世的艺术品，都有一个共性：很大一部分的原因是他们把对象画得活灵活现，把一种无法蔑视的真给予了永恒的生命。而这个共性就是我们在品评画作时不能忽略的制高点。绘画者摆出自己最舒适的姿势，全神贯注地对眼前的事物进行创作，即便是眼前的物品只是静物，他的创作也要让其活跃起来，拥有自己以及作者的思想。如果一幅绘画无法传达出某种精神或者哲理，那之前所有的东西都是徒劳了。”大公独到的理解，是无可比拟的。他道出了非常规的思想境界，对我们的启发颇深。在德勒斯顿的艺术殿堂里，拉斐尔笔下圣洁的圣母，安详地传达着宁静与祥和。这种波澜不惊的姿态有着穿透人们肌肤的感染力，远比看着那个被无数钉子钉在十字架上的受难者更扣人心弦。而这幅画传达的深层含义，是我们生活里竭尽全力去追求的东西。我们大家都应该把自己的双脚踩在地上，不要假意周旋，不要东飘西荡。要把记忆与意向分清，要把梦想与曾经隔开，恰如其分、踏踏实实地生活，给浮于自己眼前的一切贴上诚信的标签，使之荣光灿烂。

Part 21

回报（RETURN）

每个人都具有自己的弱点，但其实弱点也是我们自身力量的来源，让我们更为聪明、更为强大。真善美的力量是无穷的，能抑制悲观，传递乐观。在获得利益的同时，我们也要承担相对应的责任与义务。世界是公平的，造物者是公平的，补偿、回报都是公平的。

回应善良

我们应该用一种善意的心态去回应一个善良的人，即便我们面对的是一个非完整或者一个相对弱小的人。我们不能让自己的周身围绕着那些可笑的傲慢，即便是这些看似轻柔的桀骜对我们来说无伤大雅。

我们应该相信忠言逆耳，要去体会合理的批评。只要不是无端的指责和无理的谩骂，就能够让一切都变得有意义，并能预见到成功的未来。如果我们周身围绕着的都是花言巧语和谄媚逢迎，那么就说明在我们前进的道路上已经是敌人密布了。其实，那些恶意的存在，只要不让我们从此跌入无底的深渊，那么我们都应该感激。因为他们所用出的全部力气，只不过是他们用来荼毒自己的行径罢了，而我们，却获得了无比强大的力量——去抵御贪嗔恨痴的力量。

让我们从意外、苦闷和恶意的袭击中全身而退的是善意。只要用心地去感受，我们就会知道，善意的东西，既在帮助我们抵挡着一切外来的诱惑与袭击，也在警醒我们自己的自私与愚昧。铜锁与木门都不是我们最好的审判条件，也不是商业中最好的启示录。

历史永远站在高处用残骸包裹着灵魂，散兵游勇与昏君其实是一样的。散兵们自愿地放弃了冷静的思考与工作，他们在夜幕的遮蔽下徘徊，他们的所作所为放肆而毫无章法，就像他们自己的身体一般。他们无视自然界的普遍规律，他们任意地践踏着正义，让邪恶的烈火焚烧着那些握有正义之剑的人们所拥有的一切，从而来满足自己羞耻的私欲。我们无法忽略掉无谓的殉道者，也必须给他们尊崇的光环。如果说这是责备，我更愿意觉得是光荣的表彰；如果说这是囚牢，我更愿意把它认作一个非凡的构造物。过往的每一次销毁与焚烧，难道不是让整个世界的智慧之火燃烧起来了吗？过往的每一次扼杀和让自由言论得不到张扬总是会让另外一个社会的人们得到折射。每当人们作出了充分的决定与周全的决策后总能让社会变得温情。其实对于单一的个体来说，能感受到真理的告知与存在之时，也就是能作出公正的判断之日了。

人，作为高级动物，就代表了一切。所有的一切都是具有两面性的——仁慈的一面和阴险的一面。就像我们每次赚足了金钱后，却还要去缴纳税款一样。关于回报的解释，其实并不是一直都冰冷与薄情的。从未进行过任何思考的人可能会说，说说而已的话怎么能当真呢？真理总是唯一的，不论是存在于仁慈一方还是阴险一面。如若我们想去获得任何的利益，那同等价值的付出也是必需的。而如果我们失去了原本应得的好处，那么那些同等价值的补偿一定也会在另外的地方获得，世间任何事物都不过如此。

智慧的回报

有一个比赔付更加丰腴的东西藏在我们身体的最深处，那就是智慧。这是我们灵魂的根源所在，不能把灵魂的现世看成是造物主恩赐的东西，而应看作是我们生命的同等物质。灵魂就是本身，那些存在于巍峨山巅的松树和悠悠绿草，他们总是能与山峰保持着友好的默契，生之希望、命中期待应该都存在于那和宗教无关的深不见底的迷蒙里。根源于真主之间，不是单纯的连接，不是局部与局部之间的关联，而是一个浑然天成的一体。即便是通俗地赞同，它也无所谓非议与重力，真我、真理、价值观都由此而来。卑劣与残缺或分割的联系也是同一个道理。空空如也，欺骗，或许。在那个仰头独立的毫无生气的阴影下，冷眼旁观着世间的一切，可无法了解到任何实情，也无法发挥任何的本能，因为这些东西原本就是不存在的。它不能实现原本的善意，同理，它也不会制造苦难。如果它是有破坏力的，那只能说明破坏力存在于本身。

面对着龌龊的行径，我们应该体会到轮回与谎言。行恶之人即使在众目睽睽之下仍旧不中断自己羞耻的行径，并且没有任何的忏悔与悔过，谎言错行总是围绕周身，犹如螃蟹过街一般横行霸道。在一般民众与纯洁的圣人面前，他天花乱坠般的话语似乎与大家一样，不会出现明显的逻辑混乱。正因如此，他便从此毫无机会凌驾于自己的灵魂之上，从而只会被欺骗的嘴与恶毒的心包围，而且无法逃脱永远从这个世界上消失的厄运。其实，从一方面讲，我们针对自己的所需所得把错误呈现出来，或许还会对其他人产生指导意义。而其他方面只可意会的是，真诚的获取都应该给予相应的付出，但是这并不是对真善美与真心的责罚，也不是对聪颖的处分。真善美与聪颖都是合乎一切的东西。在品行的活动层面，我无法逃脱地成为自我，通过品行，自己融汇到了自己的行为之中，也融入社会。每当我被纷扰的迷蒙和空虚的灰尘阻碍前行时，我却能看到，只是黎明前的黑暗、清洗前的迷茫。如果我们把所有善的意向都融汇到无瑕的理性感悟之后，无论我们追求的是性爱、是学问，还是真善美，都无法对它说三道四。真善美的真我是无限大的，而总能传递乐观，抑制悲观。

任何的生命都是一种前进，人类更是如此。我们不能把前进当成是某些身份的标识。诚信是人类与生俱来的东西，我们应该更确切地用“更多”“更少”来把天性展示于人，而非去表示天性的匮乏。无畏的人从来都比懦弱的人伟大，更别说诚实的人、善良的人、睿智的人了，他们都远比游手好闲的人更伟大。拥有真善美无须缴纳赋税，你拥有得越多，越能与神对话，因为它们是神幻化在人类内在的东西。

回报善意的关心

我知道，其实我最亲爱的兄弟姐妹就是守护我的天使，他们用最真诚的善意关心爱护着我。我知道，这些我一直都妒忌与期待的财宝才是我触手可及的东西。那些我们曾经听闻过的苦难，其实是自然界亘古的规则，在人类历史上出现的种种灾难也在提示着自然其本身的品性。每个真我内心最深处的渴望，便是要摆脱周遭所有的包括物质在内的约束，其中包括友情、爱情、忠诚和教条。就像蜗牛爬出了自己那坚实耐用的外壳，因为那个原本的避风港已经成为它成长的束缚，它应该从此为自己寻找一个更好的天空。

对于我们真正认同的友人，我们是无法拒绝的。同时，我们也没办法让我们神圣的天使飞离我们。我们也知道，即使一个曾经为我们付出一切的圣人离开了我们，也会有另外一个愿意和我们掏心掏肺的圣人走进我们的生活。我们在世上饱受着世俗约定的折磨，我们需要寻找自己的精神依托，我们也无法相信拥有许多东西包括无尽财富的人们会拥有一个纯洁的灵魂。我们不相信他们的生死轮回，不相信他们有呼之即来的操纵力。我们还不能想象，现实世界的一切东西能与遥远的古代相比较，能用那些神秘的力量再去创造世界上更多的奇迹。我们对往日的辉煌流连忘返，因为我们似乎曾经从那里得到了庇佑与爱戴。我们一直都不会相信，能有万能的真主，能赐予我们衣食住行，能让我们周身充满着让我们欢呼雀跃的事情。似乎以往的甜蜜与温馨与我们渐行渐远了，珍贵的如同海里珍珠的一切事情也已不复存在。懦弱的眼泪、卑微的叹息永远都只在空想世界，我们要听见上帝的呐喊：“向前，向前，向前！”我们不能一味地停留在过去的海市蜃楼中，我们不能一直依赖着眼前的人世，我们只有带着自己睿智的双眼，洞察现在，审阅未来，同时用真挚的心感受大自然的美好，才能让自己的一切洗尽铅华，遗世独立。

其实，世界是公平的，或者说造物者是公平的。在深重的灾难之后，我们会得到睿智的补偿。时间让我们成熟，让我们生气勃勃。内心的孤寂，金钱地位的日薄西山，亲朋好友的日益远离，其中的任何一件事对于现实的我们来说都是灭顶之灾。可是，岁月是最伟大的先知，它把一切都安排得恰如其分，会把无限的能力埋葬在那些事物之中。对于友人、爱人、亲人的离去，或许有人会说这只是很私人的心情波动，但是这些却扰乱了正常世界的一些小秩序，或者说它让一个家庭支离破碎，或者让一种既存的生活方式发生了改变。接受这一切痛苦的人们要面带微笑地去发展自我。许多想要让自己的渔船远航大海的人们，总是无法找到驶出港口的顺风航道，无法找到保证顺利返航的舵手。直到有一天日出东方，驱散眼前的迷雾，照亮远方鱼跃的海面，那些迫不及待的船只才能冲向大海，满载而归。在沙滩上等待着收获的人们，才会拥有最美满的报答。